教育部人文社会科学项目

项目名称：重大事故下的决策倒查机制研究

项目编号：15YJC630056

计算社会科学的实现工具
——NetLogo编程入门

王臻荣　李华君　李纬纬　◎著

经济日报 出版社

图书在版编目（CIP）数据

计算社会科学的实现工具：NetLogo 编程入门 / 王臻荣，李华君，李纬纬著 . -- 北京：经济日报出版社，2017.4

ISBN 978-7-5196-0076-1

Ⅰ.①计… Ⅱ.①王…②李…③李… Ⅲ.①软件工具—程序设计 Ⅳ.① TP311.561

中国版本图书馆 CIP 数据核字（2016）第 316744 号

计算社会科学的实现工具：NetLogo 编程入门

作　　者	王臻荣　李华君　李纬纬
责任编辑	温　海
出版发行	经济日报出版社
地　　址	北京市西城区白纸坊东街 2 号 710（邮政编码：100054）
电　　话	010-63567691（编辑部）
	010-63588446　63516959（发行部）
网　　址	www.edpbook.com.cn
E－mail	edpbook@126.com
经　　销	全国新华书店
印　　刷	北京市金星印务有限公司
开　　本	710×1000 毫米　1/16
印　　张	17
字　　数	295 千字
版　　次	2017 年 8 月第一版
印　　次	2017 年 8 月第一次印刷
书　　号	ISBN 978-7-5196-0076-1
定　　价	58.00 元

序　言

2016 年 8 月，中山大学社会学与人类学学院以及中山大学社会科学调查中心面向全国高校教师以及博士生，开设了以计算社会科学为主题的短期讲习班。梁玉成教授介绍了 ABM（Agent- Based Modeling）范式在社会学领域的研究，并对 ABM 的实现工具——NetLogo 软件进行了系统的讲解。NetLogo 这款软件可以使社科领域的研究实现"计算仿真"，它通过模拟有限空间内微观个体的互动，从而将宏观社会的现象涌现出来。这款软件对社会事件更全面、更客观的描述，能令研究者看到更真实的事件发展全貌，更深刻地了解事件背后的运作机制，从而更利于研究者建构更贴合实际的理论体系。在国外，此款软件已经广泛用于社会学、公共卫生、政治选举、新闻传播等社会科学领域，并形成了大量优质的科研成果。如此极具魅力的研究工具引入国内后，必然会促进各个学科的研究快速发展。不过美中不足的是当下国内有关 NetLogo 的教材或学习手册相对较匮乏，不利于 ABM 研究范式的推广。基于此，我们编写了这本《NetLogo 编程入门》教材，希望能够为各位有兴趣的同仁提供一些参考。

本教材首先对 NetLogo 软件的下载、安装以及界面进行了简要介绍。接着将主要内容分为四篇。

第一篇　NetLogo 编程指南，主要介绍 NetLogo 在模拟现实世界时，最基本要素有哪些。也就是说在 NetLogo 中有哪些基础要素是与现实世界对应的。又有哪些最基本的要素让 NetLogo 软件可以运行。这是认识 NetLogo 软件的基础，也是 NetLogo 软件编写程序的基础。第一篇包括两章，分别是第一章 NetLogo 的构成要素和第二章 NetLogo 运行的基本要素。

第二篇　NetLogo 模型的框架介绍。主要目的在于让读者对 NetLogo 的模型程序有一个整体认识。本篇在给出通用模型程序样本后，通过采用模型库中的模型程序为例，详细解构此模型的结构、命令级别，并概括了模型中常用命令的用法。此篇包括 4 章。分别是第一章一套模型命令的基本结构及示例，第二章案例模型的结构示例，第三章模型程序的结构分析以及命令分析，第四章 NetLogo 模型的常用命令的分类及用法总结。

第三篇　命令结构的应用及详解。主要目的在于通过运行程序给出不同命令结构的效果图，并进一步解释命令的使用方法，解决操作中可能遇到的问题。通过视觉效果的展示以及多个效果图的比较，将抽象的东西变得形象化，让读者更好地把握 NetLogo 程序语言。此篇包括 4 章内容，分别是第一章模型中不同命令结构的演示与解析，第二章 to setup 命令筐的演示与解析，第三章 to go 的命令筐演示与解析，第四章几个常用命令的演示及解析。

第四篇　文字与程序对应的逻辑。此篇目的在于让读者学以致用，即用程序语言模拟出现实世界发生的现象。这里需要建立虚拟世界与现实世界的对应逻辑，这是此篇的重点。此篇包括模拟现实世界的思路，并给出了新命令讲解。这篇通过由易至难的顺序，给出了三个模拟现实世界的实例，并通过剖析给出了建模的基本思路和技巧。包括 3 章内容，分别是第一章种族竞争的模拟与分析，第二章"找蘑菇"的行为模拟与分析，第三章人口规模变化的模拟与分析。

此本教材还将编写命令中容易犯的错误、软件给予的提示以及修改办法收于附录 1 中，方便初学者节省摸索的时间。还将软件中的默认的命令词典收于附录 2，方便初学者查找和使用命令词。

编者限于精力和学识，未能用更多的篇幅讲解"链"和"社会网络"模型，这也是本教材的最大的不足。教材内容若有不当、错误之处请各位同仁多多指出，不吝赐教。这本粗浅的文字权做抛砖引玉之用，期待权威著作的发行。

最后，再次向中山大学梁玉成老师致敬，感谢梁老师倾囊相授，孜孜不倦地解答问题。在此基础上，我们才得以完成了此本小书。

目　录

1

第四篇　文字与程序对应的逻辑

NetLogo 产品介绍

一、NetLogo 软件

　　NetLogo 是一个用来对自然和社会现象进行仿真的可编程建模环境。它是由 Uri Wilensky 在 1999 年发起的，由连接学习和计算机建模中心（CCL）负责持续开发。NetLogo 是一系列源自 StarLogo 的多主体建模语言的下一代。它基于 StarLogoT，增加了许多显著的新特征，重新设计了语言和用户界面。NetLogo 是用 Java 实现的，因此可以在所有主流平台上运行（Mac，Windows，Linux 等）。它作为一个独立应用程序运行。模型也可以作为 Java Applets 在浏览器中运行。

　　NetLogo 特别适合对随时间演化的复杂系统进行建模。建模人员能够向成百上千的独立运行的"主体"（agent）发出指令。这就使得探究微观层面上的个体行为与宏观模式之间的联系成为可能，这些宏观模式是由许多个体之间的交互涌现出来的。

　　NetLogo 可以让学生运行仿真并参与其中，探究不同条件下它们的行为。它也是一个编程环境，学生、教师和课程开发人员可以创建自己的模型。NetLogo 足够简单，学生和教师可以非常容易地进行仿真，或者创建自己的模型。并且它也足够先进，在许多领域都可以作为一个强大的研究工具。

　　NetLogo 有详尽的文档和教学材料。它还带着一个模型库，库中包含许多已经写好的仿真模型，可以直接使用也可修改。这些仿真模型覆盖自然和社会科学的许多领域，包括生物和医学，物理和化学，数学和计算机科学，以及经济学和社会心理学等。NetLogo 提供了一个课堂参与式仿真工具，称为 HubNet。通过联网计算机或者一些如 TI 图形计算器这样的手持设备，每个学生可以控制仿真模型中的一个主体。

二、产品特性

首先，NetLogo 系统方面：免费且来源开放，可以跨平台运行，例如可以在 Mac，Windows，Linux 等平台运行。其次，编程方面：完全可编程，语言结构简单，易学好用。这款软件对 Logo 语言进行扩展支持主体；移动主体（海龟）在由静态主体（瓦片）组成的网格上移动，主体之间可以创建链接，形成聚集、网络和图；软件中内置大量原语，令程序语言更加简化，而且具有双精度浮点数（IEEE 754），具有一流的函数值（也就是说任务、结束、参数），而且其运行过程在不同平台上完全可复现环境。

第三，环境方面：运行界面非常友好，界面构建包括按钮、滑动条、开关、选择器、监视器、文本框、注解、输出区等可视按钮，令编程更加快捷方便；其信息页可以储存和展示特定模型的注解；HubNet 可使用联网设备进行参与式仿真；可用主体监视器用来监视和控制主体；输出输入功能可以输出数据，保存、恢复模型状态，甚至可以制作电影；NetLogo 3D 可以用来建造 3D 世界模型；任意模式都可以在命令行批量运行程序；而且其行为空间工具可以从多次运行过程中搜集数据；可以用系统动力学建模来解释事务间是如何相关的。

第四，展示与可视化方面：这款软件提供了线图、条形图和散点图，支持图与数据变化同步运行、即时展示功能。这款软件中的快进滑动条可以使我们对模型进行快进和慢放，从而观测图形及模拟结果的变化，而且提供了 2 维或 3 维模式查看模型的功能，提供了可伸缩、可旋转矢量图形、海龟和瓦片标签等展示和可视化操作。

最后，其他方面：Web 模型和 HubNet 客户可以存为 applet 嵌入 web 页（注释：有些功能 applets 不能使用，例如 3 维视图）。控制 API 可以在脚本或应用中嵌入 NetLogo，扩展 API 可以在 NetLogo 语言中加入新的命令报告；包括开源的扩展例子。

三、NetLogo 软件的优势

如果说传统的量化研究在做相关分析时，往往要控制多个自变量间的相关性或者假设多个自变量之间不相关，然后再通过模型测量自变量与因变量之间的关系。这一点实际是与现实世界不相符的。相比之下，NetLogo 软件同样是描述自变量与因变量间的关系，但是可以模拟自变量与自变量之间的相关性，并以此为基础涌现出因变量与自变量的关系，形成新的理论。从使用的经验来看，NetLogo 不需要大量的实证数据，只需要通过小范围的调查数据推断出参数值即可模拟现实世界，是非常省时省力的工具。

另外，从其发展理论或研究的路径来看，更强调从微观现象涌现出宏观理论，从虚拟模型推断现实世界，再从现实世界修正或验证虚拟模型的过程。虽然类似于实证研究中的归纳法，但其具体操作方式以及虚拟世界的引入，令之又不同于归纳法。从这个意义上而言，可以说是社会科学研究的新范式。NetLogo 非常适用于个案中个体或群体间互动性关系的研究，不仅适用于人口学、社会学，而且也适用于政治学领域，目前在博弈行为（利益组织间的博弈、选举投票、晋升竞争、政策评估等）领域有广泛的使用。

四、NetLogo 模拟的下载安装与界面指南

（一）NetLogo 软件下载与安装

http://ccl.northwestern.edu/NetLogo/

下载地址　　　　　　　　下载后的桌面　　　　　　　软件的界面页

图1　　　　　　　　　　　图2　　　　　　　　　　　图3

（二）界面指南

NetLogo 界面分成两个主要部分：菜单和主窗口。菜单包括"文件、编辑、工

3

具、缩放、标签页、帮助"6 项，主窗口包括"界面、说明、程序"控制三个页面的按钮；下文将分别对主窗口的三个页面予以介绍。

1. 界面页：查看模型的运行，可以通过设置工具，以监视和更改模型内部的运行情况。

当首次打开 NetLogo 时，看到的就是界面页。界面页首部显示"添加、速度、更新视图、设置"等工具按钮；中间是黑色的主视图面板；下方是"观察员、指令中心"小窗口。

（1）按钮。界面页中的按钮用来方便地控制模型。一般模型至少有一个 "setup" 按钮，设置世界初始状态，还有一个"go"按钮，用来运行模型。一些模型有更多按钮执行其他行为。按钮名称是一些 NetLogo 程序的代码，按下按钮，程序运行。按钮可以是一次性的或者是永久性的，设定按钮是一次性还是永久性，要通过勾选 / 不选"Forever"项来决定。一次性按钮执行程序一次，然后停止并弹回。永久性按钮不断重复执行程序，直到遇到 stop 命令，或再次按下按钮。一般用程序的名字命名按钮。例如名为"setup"的按钮执行的就是"to setup"代码，含义为"执行 setup 程序（例程）"；名为"go"的按钮执行的就是"to go"代码，含义为"执行 go 程序（例程）"（例程在例程页定义）。在程序写完并设置完毕按钮后，点击按钮，程序才能运行。各按钮的操作步骤如下：

①添加：点击"添加"后，下拉"按钮"选择需要的元素，在工具条下方的空白区单击，就可以增加需要的按钮。（例如：每个程序都需要添加"setup"按钮和"go"按钮，并点击两个按钮后才能运行）

②编辑按钮：点住已经形成的按钮或图形，击鼠标右键，选"select"，可以拖拉大小或改变位置。或者点击鼠标右键后选"edit"可以编辑按钮的名称，是否循环运行。或者点击鼠标右键后选"delete"可以删除按钮。

③速度调节：是控制图形中模型运行的速度，可以快速得到最终结果，或者慢速观察变化的过程。默认情况下，当速度滑动条位于中间时，每秒更新 30 次。如果放慢速度滑动条，模型运动的速度显著变慢。放快速度滑动条，模型运动速度显著加快。

④更新视图复选框：视图是 NetLogo 绘制的图像，给我们显现某一瞬间主体是怎样的。当该时刻过去后，主体移动、改变了，图像需要重新绘制。图像的重画就叫做更新（"updating"）视图。也就是说，视图是用来在计算机屏幕上查看模型中的主体的，当主体移动和改变时，能通过绘图看到。"连续"更新是指 NetLogo

每秒更新（即重绘）视图很多次，不管模型运行的是什么。"每时间步"更新是指只有时间推进器推进，基于时钟推进步伐更新视图。NetLogo 许多模型的时间是按小间隔推进的，一个小间隔叫滴答（ticks）。一般情况下我们希望每个滴答视图更新一次，这就是基于时钟更新的默认行为。基于时钟的模式的优点有：首先，在不同计算机上，不同重复运行中视图更新行为都是一致的、可预测的。其次，运行更快。如果每个滴答更新一次就足够的话，使用该模式能减少花费在更新上的时间。第三，让用户看到想看到的内容，避免用户发蒙或造成误导。我们建议软件使用者，若无特别需要，要采用基于时钟的视图更新方式。（注意：因为 setup 按钮不推进时钟，它不受速度滑动条的影响。看软件中自带的模型时，如果想观察两种更新按钮下的效果，记住观察完毕后要切换到原来的状态，再关闭）总之，连续更新模式最简单，而基于时钟模式让我们对更新时刻及更新频率有更多的控制权。

⑤设置按钮。设置按钮主要用于调整"世界"的边界。点击这个按钮，会看到"世界在水平方向循环"和"世界在垂直方向循环"的两个选项前有复选框。如果在二者的复选框前都打勾，那么整个世界就成为一个立体的球体，主体的会在球体的正面、背面与两个侧面留下运动轨迹，但是我们却只能看到球体的正面。在这样的设置下，观测上会显得主体的运动比较混乱。如果不勾选这两个复选框，意味着假设是一个平面的世界，所有的运动都在平面上进行，观察到的现象就会比较清晰简明。我们建议初学者不勾选复选框，其他选项的复选框保持默认即可。

备注设置按钮详解：NetLogo 世界有四种拓扑类型：环面（torus）、盒子（box）、垂直柱面（vertical cylinder）和水平柱面（horizontal cylinder）。通过打开或关闭 x，y 方向的回绕设定拓扑。世界默认是球体。环面在两个方向都回绕，即世界的上下边界连在一起，左右边界连在一起。因此如果海龟移出右边界就会出现在左边界，上边界和下边界也是如此。盒子在两个方向都不回绕，世界是有界的，因此海龟没法移出边界。注意边界上的瓦片少于 8 个邻元，角上的只有 3 个邻元，其他的有 5 个水平或垂直柱面只在一个方向回绕，而另一个方向不回绕。水平柱面是垂直回绕，即上下边界相连，而左右不连。垂直柱面与此相反，是水平回绕，即左右边界相连，但上下边界不连。

（2）主视图。每次打开 NetLogo 时，会在界面页出现一个黑色方形面板。这个面板就是主视图框，主视图是 NetLogo 绘制和展示程序图像的地方，显示主体（海龟、瓦片或链）的瞬间图形。是一个形象化和可视化的窗口。

（3）命令中心。包括"观察员、指令中心"两个长条小窗口，位于主视图窗口的下方。可以将程序命令写在"观察员"栏里，回车后，命令会自动上发到"指令中心"，并将结果图展示在主视图框中（如图 4 所示）。观察者通过改变参数，执行对瓦片或者海龟发出的指令。命令中心对监视和操纵主体比较方便，这个功能也可以通过鼠标，点住世界中已出现的主体，击右键，执行命令。

图 4

2. 编码标签页：编写程序语言的页面。

这个页面的有三个按钮。常用的是"检查"。通常写完程序后，再执行前会点击"检查"，来查找语言错误。如果有错误，软件会将错误的程序内容涂色，并给出具体的错误提示。标签页顶端右侧的"自动缩进"可以自动区分语言结构，不仅让语言看起来美观，而且令编程者更容易从整体上了解和编写程序。

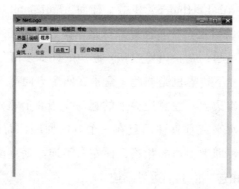

图 5

3. 说明便签页：对程序内容作出文字解释的页面。

这个页面在界面标签页和程序标签页的中间，点击这个页面按钮，可以在此

页面对程序的每条命令作出文字解释，形成一份完整的程序文字说明。在软件自带的模型库中可以看到具体的例子。（此处不再附图）

练习：

1. 下载并安装 NetLogo 软件。

2. 从文件菜单中找到模型库，找到其中一个文件夹，打开其中的一个模型，预演一次。

3. 尝试逐一使用界面的"添加、编辑、速度调节、设置按钮"，看看有什么效果？

4. 尝试使用"界面"的下方的"观察员"命令栏，使用鼠标右键试验同样的观测功能，会有什么效果？

5. 尝试使用编码标签页的各项按钮，会有什么效果？

第一篇
NetLogo 编程指南

第一章　NetLogo 的构成要素

一、世界与主体

NetLogo 软件主要由两个基本要素构成。第一个要素是"世界"，也就是软件出现的主视图界面。这个界面被假设为一个世界或者一个空间。世界或这个实体空间由"patches"（瓦片）组成并形成网络。每个"瓦片"是一块正方形的"ground"（地面）。瓦片除了不会移动外，它与其他主体一样是"活"的，而且还可以创建 turtles（海龟，主体之一）。瓦片有坐标。坐标（0，0）处的瓦片称为原点（origin），其他瓦片的坐标就是与原点的水平和垂直距离。瓦片的坐标用 pxcor 和 pycor 表示，像标准坐标平面一样，向右移动，pxcor 增加，向上移动，pycor 增加。瓦片的总数由 min-pxcor，max-pxcor，min-pycor，和 max-pycor 的设置决定。NetLogo 启动后，min-pxcor，max-pxcor，min-pycor，和 max-pycor 分别是 –16，16，–16 和 16。也就是说 pxcor 和 pycor 的范围都是从 –16 到 16，因此共有 33×33=1089 个瓦片，不过，通过"设置"按钮，可以改变瓦片数。默认情况下，世界是一个无边界可回绕的环面（torus），因此当海龟移出我们的视线时消失后，实际是出现在不在视线范围的世界的另一边，这也使得每个瓦片都有相同数目的"邻元"瓦片。一个位于世界边缘的瓦片，它的有些邻元在对面的边上。可以使用 Settings 按钮改变回绕设置。如果禁止某方向（x 或 y）的回绕，世界就是有界的。边界上的瓦片邻元少于 8 个，海龟也移不出边界（方法见前文"界面指南"的内容）。

第二个要素是"主体"或者"行动者"，是指能执行指令的个体。每个主体都同时执行各自的行为。NetLogo 中有四类主体 :turtles（海龟）、patches、links（链）和观察者（我们）。海龟是在世界中移动的主体，在世界里行走。海龟也有坐标 :

xcor 和 ycor。瓦片的坐标总是整数，但海龟的坐标可以有小数，这意味着海龟可以位于瓦片上的任何一点，不一定恰好在瓦片的中心。"link"（"链"）只有两个端点（每个端点是一个海龟），没有坐标。链出现在两个端点之间，沿着可能的最短路连接，这意味着有时候甚至要沿世界回绕。也就是说这些链在海龟与海龟间建立连接，表示海龟之间相互影响或者具有方向性的影响。而我们则被看作是世界外的观察者，或者是创造海龟、设置瓦片、链接的造物者——GOD。观察者没有具体位置，被想象成俯视着整个由海龟和瓦片组成的世界。另外，世界内是有 x 轴与 y 轴的坐标体系的。世界的中心就是 x 轴与 y 轴的焦点（0，0），xy 坐标轴将世界分为四个象限。作为造物主的我们可以安排海龟随机分布在这个世界上，也可以安排特定的海龟分布在特定的象限、甚至某个具体的点上。我们也可以调动处于特点位置的瓦片进行观测。

关于世界与海龟的内容在此处简要提及，下两篇将着重讲解。至于链，我们在这里稍作展开，下两篇将不再阐述。

二、链的基础知识

链是连接两个海龟的主体，这两个海龟称为节点（node）。链总是画为两个海龟之间的连线。与海龟不同，链没有位置，也不在任何瓦片之上，也不能查找链和某个点之间的距离。有两种风格的链：无向（undirected）和有向（directed）。有向链出自（out）或源自（from）一个节点，进入（into）或到达（to）另一个节点。如父子关系就可以用有向链表示。无向链对两个节点看起来都一样，每个节点与另一个节点之间有链。配偶或同胞关系就是无向链。和 turtles 或 patches 一样，所有链有全局主体集合。使用 create-link-with and create-links-with 命令创建无向链，创建有向链则使用 create-link-to、create-links-to、create-link-from、and create-links-from 命令。一旦第一个链创建为有向或无向，则所有未分种类（unbreeded）的链必须一致（译者：全为有向或全为无向）。（链也支持种类，后面简短讨论）。未分种类的链不可能有的有向，有的无向，如果这样会出现运行错误。（如果所有未分种类的链死亡了，则能创建与以前的链风格（译者：指有向，无向）不同的链）。

与有向链有关的原语名字里有"in"，"out"，"to"，"from"。无向链的原语使用"with"。链的 end1 和 end2 变量包括两个海龟和连接线。如果链是有向的，它从 end1 到 end2，如果链是无向的，end1 是两个海龟中编号更小的那个。

　　链的种类与海龟种类一样，使我们可以定义不同种类的链。链种类必须设定为有向或无向。使用关键词 undirected-link-breed and directed-link-breed. 声明链种类。使用 create-<breed>-with and create-<breeds>-with 创建无向的有种类链，使用 create-<breed>-to, create-<breeds>-to, create-<breed>-from, and create-<breeds>-from 创建有向的有种类链。一对主体之间的同种类的无向链不能超过 1 个（无种类的链不能超过 2 个），一对主体之间也不能有超过 1 个的同向的同种类的有向链。在一对主体之间，可以有两个同种类（或者两个未分种类的链）的反向的有向链。

三、社交网络的链命令

　　1. layout-circle 作为实验性的网络支持功能的一部分，我们也提供了几个不同的原语，帮我们实现网络可视化。最简单的原语是 layout-circle，它以世界中心为中点，根据给定的半径，均匀地将主体布局为圆形。

　　2. screen shot 对某些类似树状的结构使用 layout-radial 可以实现不错的布局。即使树中有一些圈，它也可以工作，只是圈越来越多看起来不太好。layout-radial 将一个根主体（root agent）作为中心节点放在（0，0）处，按同心圆模式安排其他节点。距离根节点 1 度的节点安排在离中心最近的圆上，2 度的在第二层，依次进行。layout-radial 试图考虑图的不均匀性，给较宽的分支分配较大的空间。layout-radial 也可以将某个种类做输入参数，这样只使用某个种类的链对网络进行布局。

　　3. layout-tutte 给定一组支撑（anchor）点后，layout-tutte 将其他节点布置在该节点所有相连节点的质心处。支撑点集根据用户定义的半径采用圆形布局，然后其他节点逐渐收敛到应该在的位置。（这意味着要运行几次后才能稳定）。

　　4. layout-spring 对许多种类的网络很有用。缺点是相对较慢，因为要循环多次才能收敛。在这两种布局里，链就像弹簧，将所连接的两个节点向一起拉，而节点是互斥的。在磁性弹簧（magnetic spring）里，还有磁场在我们选择的罗盘方向拉动节点。这些力的强度由原语中的输入参数决定，这些值都在 0-1 之间，记住即使很小的改变也可能影响网络形状。弹簧还有长度（用瓦片数为单位），然而因为力量并不恰好结束在节点之间的距离上。磁性弹簧布局还有一个布尔输入参数bidirectional?，它指明弹簧是否在两个方向产生推力，如果是的话，网络分布就更均匀。链的创建及修改将在第三篇中第四章的第二节 "create 作用的演示及解析" 中提到。

第二章 NetLogo 运行的基本要素

第一节 例 程

在 NetLogo 软件中，由命令和报告器告诉主体做什么。命令（command）是主体执行的行动。报告器（reporter）计算并返回结果。多数命令由动词开头（"create"，"die"，"jump"，"inspect"，"clear" 等），而多数报告器是名称或名词短语（常用命令的详解见第二篇）。NetLogo 内建的命令和报告器叫做原语（primitives），NetLogo 词典完整列出了内置命令和报告器（见附录 2）。

自己定义的命令和报告器称为例程。每个例程有一个名字，前面加上关键词 to 或 to-report，取决于这是一个命令过程还是一个报告过程。关键词 end 标志例程的结束。定义了例程后，就可以在程序的其他任何地方使用它。

许多命令和报告器含有一些输入的参数（inputs），这些参数就是命令或报告器执行动作所需的一些值。例程大致分为三种情况，普通的例程、带输入的例程和报告器例程。

1. 普通例程的例子——两个命令例程

```
to setup                        ;; 设置例程
clear-all
    create-turtles 10           ;; 创建 10 个海龟
    reset-ticks
end


to go                           ;; 运行例程
    ask turtles [
```

```
        fd 1                          ;; 向前走 1 步
        rt random 10                  ;; 向右随机转向 0-9 度（报告器与数值）
      ]
    tick
end
```

在这个程序中，setup 和 go 是用户定义的命令。clear-all，create-turtles，reset-ticks，ask，rt（"right turn"）和 tick，是命令原语。random 和 turtles 是报告器原语，random 使用一个参数，返回小于等于该参数的一个随机数（此处是 0 和 9 之间）。turtles 返回所有海龟组成的 agentset（agentsets 后面再解释），setup 和 go 可以被其他例程或按钮调用。许多 NetLogo 模型有一个一次性按钮，调用一个名为 setup 的例程，还有一个永久性按钮调用一个名为 go 的例程。在 NetLogo 里必须指定每条命令由哪个 / 哪些主体执行，包括海龟、瓦片、链和观察者。（如果不指定，则默认由观察者执行）。在上面的代码中，观察者使用 ask 让所有海龟执行 [ ] 中的命令。clear-all 和 create-turtles 只能由观察者执行。fd，只能由海龟执行。其他一些命令和报告器，例如 set 和 ticks，可以由不同类型的主体执行。定义例程时还有一些高级特征可以使用。

2. 带输入的例程

自己的例程也可以像原语一样有输入参数。要定义接受输入的例程，需要在例程名后面的 [ ] 中列出输入参数名。例如画一个多边形：

```
to draw-polygon [num-sides len]
    pen-down
    repeat num-sides [
      fd len
      rt 360 / num-sides
    ]
end
```

例如：在程序的其他地方，我们可以让每个海龟以自己的 who number 为边长画出一个正 8 边形。

```
ask turtles [ draw-polygon 8 who ]
```

3. 报告器例程

就像命令一样，也可定义自己的报告器。这需要做两件特别的事情，一是使用 to-report 而不是 to 开始例程定义；二是在例程中，使用 report 返回我们要报告的值。例如：

```
to-report absolute-value [number]
    ifelse number >= 0
        [ report number ]
        [ report (- number) ]
end
```

第二节　例程中的变量与请求命令

一、例程中的变量

变量用来存储值（例如数字）。变量可以是全局变量、海龟变量或瓦片变量、也可以是局部变量。一个全局变量只有一个值，任何主体都可访问它。对于海龟变量和瓦片变量，每个海龟、瓦片都有一个自己的值。有些变量是 NetLogo 内置的，例如所有海龟都有一个 color 变量，所有瓦片都有一个 pcolor 变量（瓦片变量以 p 开头，以免与海龟变量混淆）。如果我们要设置这些颜色变量，海龟或瓦片就变色。其他内置海龟变量包括 xcor, ycor, 和 heading, 其他内置瓦片变量包括 pxcor 和 pycor 等。局部变量仅用在特定的例程或例程的一部分。使用 let 命令创建局部变量，该命令可在任何地方使用。如果在例程的最前面使用，则变量在整个例程中都存在。如果在 [ ] 中使用（例如在 ask 里面），它只在该 [ ] 内部存在。我们通常需要定义变量，也就是给软件中没有的词汇，赋予自己的含义。赋予含义的过程就是赋值和设定行动方式的过程。我们可以用以下三种方式定义自己的变量。

1. 定义全局变量

通过创建开关和滑动条创建全局变量，或者在程序的开头使用 globals 关键字，像这样：

globals [score]　　　　　　　　　注意："global "一定要加"s "

2. 定义海龟、瓦片或链变量（定义海龟、瓦片或链的特征变量）

使用 turtles-own，patches-own 和 links-own 定义自己的新海龟变量、瓦片变量和链变量。像这样：

turtles-own [energy speed]　　;; 注意：主体名称与 "own" 之间必须有连字符

patches-own [friction]

links-own [strength]

在模型里这些变量可以随便使用。使用 set 命令设置它们。（如果不设置的话，初值为 0）。

3. 定义局部变量

例如在 to swap-color[ ]　;; 这个特定的例程中，let……命令创建局部变量。

　　　　to swap-colors [turtle1 turtle2]

　　　　　　　;; 启动编号为 1、2 的海龟互换颜色例程

　　　　　let temp [color] of turtle1

　　　　　　　;; 设置海龟 1 号的颜色为 "临时色"

　　　　　ask turtle1 [set color [color] of turtle2]

　　　　　　　;; 要求海龟 1 号：把颜色设为海龟 2 号的颜色

　　　　　ask turtle2 [set color temp]

　　　　　　　;; 要求海龟 2 号：把颜色设为临时色（海龟 1 号的颜色）

　　　　end　　;; 例程结束

局部变量与全局变量的区别在于：全局变量能用于全部例程，必须放在所有例程的顶部，不能用在特定的例程中，更不能在 [ ] 中编写，命令词只能是 globals[……]，或者通过滑动条或开关设置。而局部变量则可以通过放置的位置不同，实现全局读取还是局部读取的效果，它的命令词是 let[……]，它的读取和设置主体同上。

另外，我们也需要了解读取变量的主体。一般来说，每个主体可以读取自己的特征变量。全局变量可以被任何主体在任何时候读取、设置。瓦片变量除了被瓦片读取设置外，还可以被海龟读取、设置。例如：ask turtles [set pcolor red]——使得每个海龟将所处的瓦片变为红色。（由于瓦片变量以这种方式被海龟更新，因此海龟变量和瓦片变量不能重名）。当我们需要一个主体读取其他主体的变量时，使用 of（of 出现意味着不是同一主体在读取特征变量）例如：show [color] of turtle 5——观察者要读取编号为 5 的海龟的颜色。除了将变量名与 of 一起使用外，还可使用复杂的表达式，例如：

show [xcor + ycor] of turtle 5——显示编号为 5 的海龟的横纵坐标之和。（注意：运算符前后要空格）

（备注：我们归纳认为，定义变量有 3 种操作方式。第一种操作方式，在界面中的滑动条中定义变量，并赋值。第二种操作方式，在变量的属性里定义，如 turtles-own[age get-birth]。第三种操作方式，在 to setup 筐里，给出新的变量名称，然后用"to 新变量名称启动新例程予以详细定义上文提到的变量；或者在 to go 筐里提及新变量名称，建立 to 新变量名称启动新例程予以详细定义上文提到的变量）

二、例程中的请求命令：ASK

NetLogo 用 ask 向海龟、瓦片和链发出命令。由海龟执行的命令必须置于海龟上下语言的情景之中（context）。NetLogo 通常有三种方式建立海龟上下语言的情景：

第一种，使用按钮时在弹出菜单选择"Turtles"，放在按钮中的代码将由所有海龟执行。

第二种，在界面的观察者和命令中心，在弹出菜单中选择"Turtles"，则输入的命令由所有海龟执行。

第三种，使用 ask turtles 的命令语言，让 turtles 执行命令。（注意：ask 后的宾语只能是瓦片、链、海龟，而不能是观察者。所有不在 ask 内的代码，默认是由观察者执行）例如：

```
to setup
  clear-all              ;; 以下内容全部从清零的状态下录入
  create-turtles 100     ;; 观察者执行创建海龟的命令
  ask turtles
    [ set color red       ;; 海龟执行颜色命令和前进命令
                          （观察者发出命令海龟执行）

    fd 50 ]
  ask patches
    [ if pxcor > 0        ;; 瓦片执行坐标位置和颜色命令
                          （观察者发出命令，瓦片执行）
```

```
      [ set pcolor green ] ]
   reset-ticks              ;; 启动计时器
end
```

通常观察者使用 ask 请求所有海龟、所有瓦片或所有链执行命令。也可以使用 ask 让单个海龟、瓦片或链执行命令。报告器 turtle，patch，link 和 patch-at 是经常使用的技术。

```
to setup
   clear-all
   crt 3                    ;; 创建 3 个海龟（ crt 是 create-turtles 的缩写，
                               "分号"是隐藏注释的意思）
   ask turtle 0            ;; 要求编号为 0 的海龟
     [ fd 1 ]              ;; 向前走一步
   ask turtle 1           ;; 要求编号为 1 的海龟
     [ set color green ]  ;; 变成绿色
   ask turtle 2           ;; 要求编号为 2 的海龟
     [ rt 90 ]            ;; 右转 90 度（ rt 是 turn right 之意）
   ask patch 2 -2         ;; 要求坐标为 (2，-2) 的瓦片
     [ set pcolor blue ]  ;; 变成蓝色
   ask turtle 0           ;; 要求编号为 0 的海龟读取
     [ ask patch-at 1 0   ;; 以 0 号海龟为中心，让距离它（1，0）位置的瓦片
     [ set pcolor red ] ] ;; 变成红色
   ask turtle 0           ;; 要求编号为 0 的海龟
     [create-link-with turtle 1] ;; 要求编号为 0 的海龟与编号为 1 的海龟建立联系
                               （连线这两只海龟）
   ask link 0 1           ;; 要求海龟 0 号和 1 号海龟间的连线
     [ set color blue ]   ;; 变成蓝色
   reset-ticks
end
```

（备注：例程中每条命令最右边的分号以及分号后的文字是对前条命令的解释，可以一并写在软件中的编码标签页。这些注释因为" ；"的存在而被软件自动识别，不影响命令运行）

创建的每个海龟都有 who number 号，第一个是 0，第二个是 1，依次类推。turtle 原语报告器使用 who number 作为输入命令，返回该海龟。patch 原语报告器使用 pxcor 和 pycor，返回该处的瓦片。link 原语使用两个端点海龟的 who number 做输入。patch-at 原语使用与第一个主体的 offsets，即 x，y 方向的距离。上面的例子里请求 0 号海龟去获得它东面 (没有北面的瓦片) 的瓦片。

也可选择某些海龟、瓦片、链等让它们执行动作。这就涉及到一个称为主体集合（agentset）的概念，下一部分详细解释这个概念。当我们（观察者）命令主体集合执行多条命令时，只有当一个主体执行完所有这些命令后，才轮到下一个主体执行。一个主体执行完，然后下一个主体，…，诸如此类。如果我们多次要求主体集合分别执行一个命令时，那就是所有的主体集合整体执行完一次命令后，再整体执行下一个命令。例如，写代码：

```
ask turtles
  [ fd 1
    set color red ]
```

这个程序命令的意思是，首先一个海龟移动、变红，然后是下一个海龟移动、变红，接着再一个海龟移动、变红……。

如果将程序命令改写成这样：

```
ask turtles [ fd 1 ]
ask turtles [ set color red ]
```

这个程序命令的意思是，首先所有海龟先全部向前移动 1 个单位，都移动完成后，所有的海龟同时变红。

第三节　例程中的主体集合、种类与颜色

一、例程中的主体集合：Agentsets

顾名思义，主体集合就是主体组成的集合。主体集合可以由海龟、瓦片或链

组成，但只能同时包含一种类型的主体。主体集合内部元素没有任何特定顺序，总是随机排列。每次使用时都会是不同的随机顺序。这使我们避免对集合中的主体做任何特定处理（除非我们非要这样）。因为每次的顺序都是随机的，没有哪个主体会总是排在第一个。我们已经知道原语 turtles 返回所有海龟组成的主体集合，patches 是所有瓦片组成的主体集合，links 是所有链组成的主体集合。

　　主体集合概念的作用在于我们可以构造由某些海龟、某些瓦片或某些链组成的集合。例如，所有红色海龟、或 pxcor 能被 5 整除的瓦片，或者站在第一象限绿色瓦片上的海龟，或者与 0 号海龟相连的链等。这些集合可以用在 ask 中，或者用在将主体集合作为输入的报告器中。使用 turtles-here 得到一个由当前瓦片上所有海龟构成的主体集合。使用 turtles-at 得到距当前位置 x，y 处瓦片上的海龟构成的主体集合。使用 turtles-on 得到给定瓦片上的海龟集合，或者得到与给定的海龟站在同一瓦片上的海龟集合。

　　下面是一些构造主体集合的例子：

other turtles　　　　　　　　　　　　　　;; 其他所有的海龟

other turtles-here　　　　　　　　　　　;; 在这个瓦片上的所有的其他海龟

turtles with [color = red]　　　　　　　;; 所有红色海龟

patches with [pxcor > 0]　　　　　　　 ;; 第一、四象限的所有瓦片

patches at-points [[1 0] [0 1] [-1 0] [0 -1]]　;; 坐标为这四个点的瓦片

neighbors4　　　　　　　　　　　　　　;; 4 个相邻的瓦片

　　　　　　　　　　　　　　　　　　　　（也是上条命令的缩写）

turtles with [（xcor > 0）and（ycor > 0）　;; 在第一象限内而且绿色瓦片上的

　　　　　　　　　　　　　　　　　　　　所有海龟

and（pcolor = green）]

[my-links] of turtle 0　　　　　　　　　;; 与 0 号海龟的所有连线

　　注意使用 other 这个词时，就将调用主体排除在外，这是通用的。创建了主体集合后，可以做一些事情，例如：

　　使用 ask 让主体集合中的主体做事；

　　使用 any? 查看主体集合是否为空；

　　使用 all? 查看是否主体集合中的每个主体都满足条件；

　　使用 count 得到主体集合中主体的数量。

也可以做一些更复杂的事情：

（1）使用 one-of 在集合中随机选一个主体。例如命令一个随机选择的海龟变绿：ask one-of turtles [set color green] 或者命令海龟随机选定一个瓦片生出一个新海龟：ask one-of patches [sprout 1]，这两个命令分别与命令所有海龟变绿、命令所有海龟在自己所在瓦片上各自生出一个新海龟进行区别：

to setup	to setup
clear–all	clear–all
crt 3	crt 3
ask turtles[setxy random–xcor	[setxy random–xcor random–ycor
random–ycor set size 3]　ask turtles	set size 3]
ask one–of turtles [set color green]　比较	ask turtles[set color green]
end	end

如图示：

ask one–of turtles [set color green]　比较　ask turtles[set color green]

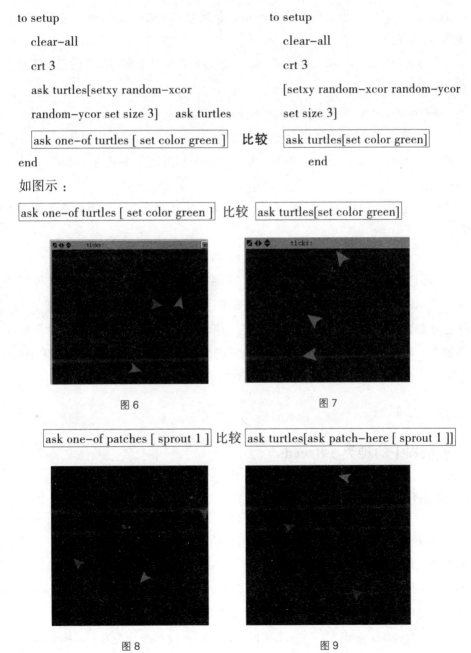

图 6　　　　　　　　　　　图 7

ask one–of patches [sprout 1]　比较　ask turtles[ask patch–here [sprout 1]]

图 8　　　　　　　　　　　图 9

注释 :（1）用 ask one-of patches [sprout 1] 和 ask turtles[ask patch-here [sprout 1]]
命令分别替换 ask one-of turtles [set color green] 和 ask turtles[set color green] 命令
后，其余的命令部分不变，图示分别为图 8 和图 9。图 8 显示 :每个箭头形状的
turtle，对应产生了一个小的 turtle，处于随机的位置 ;图 9 显示，每个大的箭头形
状的 turtle 也产生了小箭头形状的 turtle，位置与对应的大箭头 turtle 重叠，处于大
箭头 turtle 之上。

（2）使用 max-one-of 或 min-one-of 报告器找出某个指标最大或最小的主体。
例如移动最富的海龟 :

ask max-one-of turtles [sum assets] [die]

（3）使用 of 得到主体集合中每个主体的一系列值。然后使用 list 原语做一些
事情（看下面的 List 部分）。例如，显示海龟平均财富 :show mean [sum assets] of
turtles。

（4）使用 turtle-set, patch-set 和 link-set 报告器从多个来源收集主体形成主
体集合。

（5）使用 = 或 != 判断两个主体集合是否相等。

这只是隔靴搔痒。在模型库里例子很多，还可以查 NetLogo 词典获得有关主
体集合原语更多的知识。在 NetLogo 词典里，每个原语的条目下都提供了更多的例
子。在熟悉了 NetLogo 编程之后，要进一步考虑复合命令，特别是要注意复合命
令的各个构件之间如何传递信息。在这样的概念模式里，主体集合发挥重要作用，
它提供了强大而灵活的功能，并且与自然语言类似。

二、例程中的种类 :Breeds

（一）海龟的种类

NetLogo 允许定义不同种类（breeds）的海龟或链。定义了种类后，可以让它
们有不同的行为。例如有两个种类 :羊（sheep）和狼（wolves），让狼吃羊。或者
不同种类的链 :马路和人行道，人走人行道，车走马路。在例程页使用 breed 关键
字定义海龟种类，定义必须放在所有例程之前。例如 :

breed [wolves wolf]　　　　;; 实际是把 turtles 改名并分类为 wolves 和 sheep breed [sheep a-sheep]

　　用单数形式引用种类的成员，就像 turtle 那样。打印时，种类成员使用单数形式的标签。有些命令或报告器使用复数形式的种类名，例如：create-<breeds>。其他的使用单数形式种类名，如 <breed>。

　　种类定义的顺序决定了它们在视图上分层显示的顺序。后定义的种类在先定义的种类上面。上面狼和羊的定义决定了羊会绘制在狼的上层。当我们定义了羊这样的种类后，这个种类的主体集合自动产生了。上面叙述的主体集合的功能，现在对关于羊的主体集合马上可用了。一旦定义了羊 (sheep) 这个种类，其他的一些新原语 create-sheep, hatch-sheep, sprout-sheep, sheep-here, sheep-at, sheep-on, 和 is-a-sheep? 等就可以自动生成并被使用。而且还可以使用 sheep-own 或 wolves-own 定义属于该种类的海龟变量。(注意：海龟也可以改变种类。狼也不一定一辈子都是狼，例如：随机选一个狼变成羊：ask one-of wolves [set breed sheep])。使用原语 set-default-shape 将特定形状与特定种类联系起来。可以从 "shape" 中修改。下面是一个使用种类的小例子：

```
breed [mice mouse]
breed [frogs frog]
mice-own [cheese]
to setup
  clear-all
  create-mice 50
    [ set color white
        set cheese random 10 ]
  create-frogs 50
    [ set color green ]
  reset-ticks
end
```

（二）链的种类：Link breeds

　　链的种类与海龟种类很相似，但有一些区别。声明链种类时，必须声明是有向还是无向，分别使用 directed-link-breed 和 undirected-link-breed 关键词。

directed–link–breed [streets street]

undirected–link–breed [friendships friendship]

一旦我们创建了有种类的链，就不能再创建无种类的链，反之亦然。（但是，可以同时有有向链和无向链，但不能属于同一种类）。与海龟种类不同，链种类需要**单数形式**种类名，因为许多链命令和报告器使用单数名，如 <link–breed>–neighbor?。一旦定义了上面的有向链种类，下面的原语就自动可用：create–street–from create–streets–from create–street–to create–streets–to in–street–neighbor? in–street–neighbors in–street–from my–in–streets my–out–streets out–street–neighbor? out–street–neighbors out–street–to。一旦定义了上面的无向链种类，下面的原语就自动可用：create–friendship–with create–friendships–with friendship–neighbor? friendship–neighbors friendship–with my–friendships Multiple link breeds may declare the same –own variable，but a variable may not be shared between a turtle breed and a link breed.

与海龟种类一样，链种类声明的顺序决定了它们绘制的顺序，因此 friendships 在 streets 上面（如果因某种原因，它们在一个模型里）。可以用 <link–breeds>–own 为每个链种类分别声明变量。像海龟一样，也可以改变链的种类。然而，不能让有种类的链变为无种类的，以免在世界中同时出现有种类和无种类的链。例如：

ask one–of friendships [set breed streets]   ;; 这个是正确的。

ask one–of friendships [set breed links]   ;; 由有种类的变成无种类的，

                      软件会提示程序运行错误。

三、例程中的颜色

NetLogo 有两种表示颜色的方式。我们通常用第一种，即使用 0–140（不包括 140）之间的数字表示不同的颜色。

图 10 表明：（1）有些颜色有名称的（例如 red、blue、yellow 等在编程语言中可以使用），（2）除了 black 和 white，有名称颜色的末位数是 5，表示颜色最鲜亮。（3）有名称颜色的两侧是同一种颜色，但更深

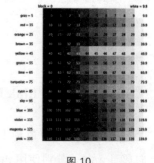

图 10

或更浅。0 是纯黑，9.9 是纯白；10，20，等很深，看起来是黑的；19.9，29.9 等很浅，看起来是白的。

如果使用的数不在 0–140 之间，则 NetLogo 重复增加或减去 140 直到符合范围。例如 25 是橙色，165，305，445 等也是橙色，–115，–255，–395 也是。当我们设置海龟 color 或瓦片 pcolor 时，自动做上述计算。如果在别处我们需要做这样的运算，使用 wrap-color 原语。

如果我们要图上没有的颜色，就使用整数之间的值，例如 26.5 是 26 和 27 的中间色。这并不是说我们可以在 NetLogo 里使用任何颜色，NetLogo 的颜色空间仅是全部颜色的一个子集，仅包括有限的固定的离散色调（hue）集合（图上每行是一个色调）。对每个色调可以减少亮度或减少饱和度，但不能同时减少亮度和饱和度。并且只有小数点后第一位有意义，因此颜色值四舍五入到 0.1，例如 26.5，26.52 和 26.58 视觉上无区别。

颜色原语：wrap-color 互换颜色；scale-color 将数值转换为颜色；shade-of? 两个颜色是否属于同一色调？例如 shade-of? orange 27。（具体用法可见附录 2- 原语词典）

第四节　画图与主体痕迹

一、画图

NetLogo 有绘图功能，我们可以通过图形（plot）来了解模型中所发生的事情。绘图前要先在界面页中创建一个或多个图形。每个图形应该有唯一的名字。在例程页编写的代码中通过图名指定所要操作的图形。

（一）画图及基本命令

画点：Plotting points。实际画图时要使用的两个基本命令是 plot 和 plotxy。使用 plot 命令只需给定 y 值。所画第一个点的 x 值自动为 0，第二点为 1，…。（如果笔的间隔（interval）是默认值时就是这样的，我们也可以改变间隔值）。当模型的每个时间步要画一个点时，使用 plot 命令特别方便。

例如：plot count turtles

如果要同时指定所绘点的 x 值 和 y 值，应该使用 plotxy。代码示例：

plotxy time count-turtles

plot commands

每个画图和它的画笔都有 setup 和 update 的代码区域，一般包含 plot 或 plotxy 命令，这些命令都是自动在其他命令下运行的。画图的 setup 命令和画笔的 setup 命令都会在 reset-ticks 或 setup-plots 命令运行的时候运行，如果 stop 命令在画图的 setup 命令的主体部位运行，那么画笔的 setup 命令不会运行。

以下还有两个运行画图的命令。

① setup-plots：一次在一个画图中执行命令。对每个画图来说，setup 命令都被执行。如果没有遇到停止命令，那每个画笔都会被执行 setup 命令。

② update-plots 和 setup-plots 非常相似。对每个画图来说，画图的 update 都被执行，如果没有遇到停止命令，那每个画笔都会被执行 update 命令。

默认时 NetLogo 画笔使用线形模式，所画的点用线连起来。如果只想移动画笔而不画图，就使用 plot-pen-up 命令。该命令发出后，plot 和 plotxy 只移动画笔，不画图。当画笔移动到我们希望画图的地方，再使用 plot-pen-down 将画笔放下。

如果想只画点、不画线，或者想画条形（bar），那就需要改变画笔模式。共有三种画笔模式：线、条形、点。默认模式是线。一般通过编辑图形（plot）来改变画笔模式，这样就改变了画笔的默认模式。也可使用 set-plot-pen-mode command. 命令临时改变画笔模式，该命令需要一个数值型参数：0 是线，1 是条，2 是点。

（二）临时画笔

多数图形始终有固定数目的画笔。但有些图形有更复杂的需求，需要画笔数量随条件而变。这种情况下我们可以编写代码创建临时画笔，然后使用它们，这些画笔称为"临时"画笔。当清除图形（使用 clear-plot, clear-all-plots, 或 clear-all）后，它们就消失了。使用 create-temporary-plot-pen 命令创建临时画笔，一旦创建，使用方法与其他画笔无异。画笔默认是放下的、黑色、间隔为 1、使用线模式，有些命令用来改变它们，参见 NetLogo 词典的 Plotting 部分。在使用画笔前，需要使用 set-current-plot 和 set-current-plot-pen 命令。确定当前使用的画笔用 set-current-plot 和画笔的名字，如：set-current-plot "Distance vs. Time"

所用的图名必须与创建图形时输入的图名完全一样。注意：如果我们以后修改了图名，则也必须修改 set-current-plot 调用，以使用这个新名字。（使用复制、粘贴很方便）。

对于拥有多支画笔的图形，必须指定使用哪支画笔进行绘图。如果不指定的话，就使用第一支画笔。要用不同的画笔，需要使用 set-current-plot-pen 命令加上由双引号括起来的画笔名。像这样：set-current-plot-pen "distance"

一旦当前的画笔被指定，plot count turtles 这样的命令就可以在这个画笔上使用。

此处对绘图的介绍并不全面，更多的信息参见 NetLogo 词典的 Plotting 部分。模型库的模型实例演示了许多高级绘图技术（Plot Axis Example，Plot Smoothing Example，Rolling Plot Example）。

二、主体运动痕迹

在绘画层，可以让海龟制作运动的痕迹。在视图里，绘画层处于瓦片之上和海龟之下。初始时刻绘画层是空的、透明的。我们能看到绘画层，但海龟（和瓦片）察觉不到绘画层，也不能对绘画层中的对象做出反应。绘画层只是用来给人看的。

海龟使用 pen-down 或 pen-erase 命令在绘画层画线或擦除。如果海龟的画笔放下（或擦除），当它移动时就在身后画出（或擦除）线，线的颜色与海龟颜色一致。要停止画图（或擦除），使用 pen-up。正常情况下海龟画的线 1 个像素宽。在画图（或擦除）之前，设置海龟变量 pen-size 可以改变线的粗细，新海龟 pen-size 变量初始值为 1。当海龟没有沿固定方向移动时，例如 setxy or move-to 所画的线就是按拓扑性质得到的最短路线。stamp 命令让海龟在身后留下自身图像，stamp-erase 擦除下面绘画层的像素。要擦掉整个绘画层，使用观察者命令 clear-drawing。（也可使用 clear-all，清除所有其他东西）。

"海龟留下痕迹"与"第三节画图"是不一样的。"画图"是在 x、y 轴上，对模型运行过程画出线图、直方图等，具有数理性质的图。而海龟痕迹图则是根据海龟行动轨迹画出任意图画（规则的或者不规则的，没有 xy 轴的限制），甚至可以根据海龟的运动轨迹变成一幅艺术画。

第五节　其他要素

一、字符串

在 NetLogo 中输入常量字符串，使用双引号，在一对双引号内什么都没有，则是空串 ""。大多数关于列表 (list) 的原语同样可用于字符串：

but-first "string" => "tring"

but-last "string" => "strin"

empty? "" => true

empty? "string" => false

first "string" => "s"

item 2 "string" => "r"

last "string" => "g"

length "string" => 6

member? "s" "string" => true

member? "rin" "string" => true

member? "ron" "string" => false

position "s" "string" => 0

position "rin" "string" => 2

position "ron" "string" => false

remove "r" "string" => "sting"

remove "s" "strings" => "tring"

replace-item 3 "string" "o" => "strong"

reverse "string" => "gnirts"

有些字符串专用的原语，如 is-string?，substring, and word:

is-string? "string" => true

is-string? 37 => false

substring "string" 2 5 => "rin"

word "tur" "tle" => "turtle"

字符串可以进行比较，操作符有 =, !=, <, >, <=, and >= 。

二、屏幕输出

NetLogo 中产生屏幕输出的基本命令是 print，show，type，和 write 这些命令将输出送到命令中心。

下面是典型用法：

print 多数情况下都可以使用

show 让我们看到每个主体在输出什么

type 让我们在一行里输出几项内容

write 按某种格式输出数值，这些值可以被 file-read 读回。

NetLogo 模型也可以在界面页中有一个输出区域（"output area"），这个区域是与命令中心分开的。如果要输出到这个区域而不是命令中心，使用 output-print，output-show，output-type，和 output-write 命令。

输出区域可以使用 clear-output 命令清除，也可使用 export-output 存入文件。输出区域的内容使用 export-world 命令保存。 import-world 命令将清除输出区域，将其内容设为输入世界文件（imported world file）的内容。注意将太多的数据送到输出区域会导致输出世界文件较大。如果模型没有独立的输出区域，而使用 output-print，output-show，output-type，output-write，clear-output，或 export-output 命令，这些命令将作用到命令中心。

练习：

将每一章节内的例程复制粘贴到 NetLogo 程序标签页中，通过在界面设置按钮，运行程序，观察结果。

第二篇
NetLogo 模型的框架介绍

第一章 一套模型的基本结构及示例

第一节 基本结构

```
globle[ # 或 #s ]
breed[ #s  # ]
#-own[& ]
to setup
clear-all
  create-# num
  ask # [setxy……
    set xcor……
    set & ]
  ask # with[ 条件 ] [set 结果 ]          ;; 有时第二个 [ ] 中,
                                         也会嵌用 ask #[] 的命令内容
end
to go
  ask #[set &…… ]
  ask # with[ 条件 ] [set 结果 ]
end
```

（备注：方便起见，"#" 表示变量；"&" 表示变量的属性。下文中出现 "#" "&" 符号时，表示同样的意思）

一套模型的程序语言大致可分为三大块：

第一块是全局变量的设定以及变量的特征（海龟、瓦片或链变量）设定。通常用 global[…] 和 #-own[…] 这样的语言表示。第二块是具体设置主体特征值，一般是对其静止状态的设置。通常以 to setup……end 这样的例程表示。第三块是主体或变量的动态行为设置。也就是对变量的变化过程或者变化步骤进行设置。通常以 to go……end 例程表示。在这个例程中也可以再定义许多新的例程。

事实上，"to setup……end "与"to go……end "这两个结构命令，类似于两个大筐，可以分别装入各种具体的小命令。为了更容易理解，我们将这个模型初步划分为四个级别的命令结构。全局命令（类似全局命令地位的）（global[…]、breed[…]、#-own[…]）；一级命令结构（to setup……end 与 "to go……end）；二级命令结构（ask[…] 以及 to go 例程内部再定义的小例程）；三级命令结构 [set……]。从第二篇开始，我们依据这样命令结构划分对常用命令进行详解。第二章将通过示例，详细了解模型的结构及其命令。

第二节　案例模型结构的示例

示例：

打开"文件"菜单——选择"模型库"——点击"社会科学"文件夹——双击"party"模型。

模型说明：

一、这个模型是什么

这是一个鸡尾酒聚会的模型。在鸡尾酒会里，参会者一般都会扎堆聚在一起。我们暂时把这"堆儿"称为"小群体"。假设一个离开群体的人会感到不自在。当一个人所在的小群体里的异性太多时，他（她）通常会因为感到别扭而离开这个群体，并加入到别的群体里。在鸡尾酒会里，可能会出现全是女性的小群体、全是男性的小群体以及性别混合的小群体。

这个模型想了解"小群体类型与人员流动是什么关系呢？最终会是什么结果？即什么类型的群体会导致怎样的流动，最后会产生什么类型的群体？"

二、这个模型模拟的机制

假设离群者有一个忍耐限度，这个忍耐的限度用"参与小群体的自在水平"定义。假设每个小群体一开始都包含少数几个异性。当一个小群体里的异性人数比例，超过了小群体成员的忍耐限度（超过了"自在水平"）时，小群体成员就被认为"不自在"，于是就离开这个小群体，再加入别的小群体。每个小群体都会发生类似的流动，一直到酒会中的每个人在小群体里都感到自在，这样的流动才停止。

三、如何使用这个模型

"number"的滑动条控制鸡尾酒会的总人数，"num-groups"的滑动条控制小群体的数量。

"setup"按钮形成随机小群体。"go-once"按钮驱动模型随每次时间变化而运行一次。"go"按钮驱动模型随时间连续变化而连续运行，一直到每个参会者感到自在，流动停止为止。

可视窗里的数量表示小群体的规模。白色的数字是混合性别小群体，灰色的数字是单一性别的小群体。

tolerance 滑动条设置异性的数量，当模型在运行时可以滑动这个滑动条。如果这个滑动条设置了"75"，那么每个人将能够容忍的小群体里的异性数量最多占小群体总人数的 75%。

num-happy 表示有多少离群者现在感到自在。singgle sex group 表示有多少个单一性别的小群体，"监视器"展示着随时间推移，鸡尾酒会是如何变化的。

四、注意事项

当每个人都很自在时，注意单一性别的小群体数量及规模的变化。这样的群体与酒会初始时的情况是一样的吗？改变"tolerance"，会出现一个临界值，在这个临界值时，每个小群体都会以单一性别结束吗？当模型停止运行后，查找有多少个混合性别的小群体，其数量和规模与初始情况的变化是什么？

五、拓展

使用 go-once 按钮，配合不同的 tolerance 值，观察有多少不自在的人打破了其他小群体的性别稳定？

有没有可能，根本就没有永久的平衡？（即无论怎样，自在感都不会持久，导致流动不停息）

观察一个真实的 party，看看这个模型对现实的拟合度有多高？

```
globals [
    group-sites                          ;; 小群体所在的瓦片位置
    boring-groups                        ;; 当前单一性别小群体的数量
]

turtles-own [                            ;; 设置海龟变量（海龟变量的特征）
    happy?                               ;; 自在吗？
    my-group-site                        ;;（自在的话）留在原来小群体
]


to setup                                 ;; 定义例程
    clear-all                            ;; 清盘后开始编写程序
    set group-sites patches with [group-site?]  ;; 设置小群体的瓦片的位置
    create-turtles number                ;; 建立参与者的数量（观察者读取，
                                         ;; 在滑动条设置具体数值）
ask turtles[
    choose-sex                           ;; 选择性别（变为男性或女性）
```

（海龟读取）

```
        set shape "person"
        set size 3                              ;; 放大参与者的型号（海龟读取）
        set my-group-site one-of group-sites    ;; 参与者的小群体位置从"小群体
                                                   位置"中取值并
        move-to my-group-site                   ;; 移动到"参加的小群体"（海龟
                                                   读取，上条同此）

        update-happiness]                       ;; 让参与者更新自己的"自在度"
                                                   （下文再定义）
    count-boring-groups                         ;; 计算单一性别的群体
    update-labels                               ;; 更新标签
    ask turtles [ spread-out-vertically ]       ;; 让参与者垂直运动
    reset-ticks                                 ;; 时间清零
end


to go
    if all? turtles [happy?]                    ;; 如果所有的参与者都自在，
       [ stop ]                                 ;; 程序停止运行
    ask turtles [ move-to my-group-site ]       ;; 否则回到原来的小群体位置
    ask turtles [ update-happiness ]            ;; 更新其"自在度"
    ask turtles [ leave-if-unhappy ]            ;; 要求其不开心就离开（下文再定义）
    find-new-groups                             ;; 寻找新群体（下文再定义）
    update-labels                               ;; 更新小群体标签（下文再定义）
    count-boring-groups                         ;; 计算单一性别的小群体数
                                                   （下文再定义）

    ask turtles [                               ;; 要求参与者（下文再定义）
       set my-group-site patch-here             ;; 从自己所在的位置纵向移动
       spread-out-vertically                    ;; 垂直散开（这个变量下文再定义）
    ]
    tick                                        ;; 推动时间前进
end
```

```
to update-happiness                        ;; "更新自在感"的例程定义
  let total count turtles-here              ;; 计数每个群体中参与者的总数
                                            （turtles-here 局部变量）
  let same count turtles-here with          ;; 让参与的小群体中同性别的人与
  [color = [color] of myself]               "我"同色
  let opposite (total - same)               ;; 异性人口数 = 总人数 - 同性别人
                                            数（减号与字母间空格）
  set happy? (opposite / total)             ;; 异性数量比 <= 忍受受限度。
  <= (tolerance / 100)                      ;; （数学符号与字母空格）
end


to leave-if-unhappy                         ;; "若不自在就离开"的程序定义
  if not happy? [
    set heading one-of [90 270]             ;; 随机面朝一个方向（在 90-270
                                            度范围内）

    fd 1                                    ;; 向前走 1 步，离开旧群体
  ]
end


to find-new-groups                          ;; "发现新群体"的程序定义
  display                                   ;; 展示更新的情况
  let malcontents turtles with              ;; 没有不自在的参与者，
  [not member? patch-here group-sites]      ;; 留在原地的小群体
  if not any? malcontents [ stop ]          ;; 如果没有不自在者，那么停止运动。
  ask malcontents [ fd 1 ]                  ;; 要求不自在的参与者向前走 1 步，
                                            离开旧群体

  find-new-groups                           ;; 找到新群
end


to-report group-site?                       ;; 这是瓦片的程序：报告出小群体
                                            的位置。（为了视觉上美观且便于
```

观察）

```
let group-interval floor
(world-width / num-groups)          ;; 小群体间隔设置为（世界宽度 /
                                       小群体数量）
report                              ;; 给出结果（所有的小群体坐标现
                                       在处于世界的中间了）
  (pycor = 0) and (pxcor <= 0) and
  (pxcor mod group-interval = 0) and
  (floor ((- pxcor) / group-interval) < num-groups)
end


to spread-out-vertically           ;; 参与者的程序（如果纵向移动）
  ifelse woman?
    [ set heading 180 ]            ;; 如果女性，随机旋转 180 度
    [ set heading  0 ]             ;; 否则不旋转
  fd 4                             ;; 各向前走 4 步，分散开
  while [any? other turtles-here] [ ;; 如若还有任一个参与者在这里
    ifelse can-move? 2             ;; 如果当前参与者前方的 2 个步长
                                      仍在世界范围内
      [fd 1 ]                      ;; 向前走一步
      [set xcor xcor - 1          ;; 否则横向退 1 步，纵向回到坐标
                                      0 点的位置，并前进 4 步
      set ycor 0
      fd 4 ]                       ;; 移动到一个新的位置
  ]
end


to count-boring-groups            ;; 计算单一性别群的数目
  ask group-sites [               ;; 要求群所在的瓦片位置
    ifelse boring?                ;; 如果是单一性别的群
    [ set plabel-color gray  ]    ;; 将瓦片标签颜色设置为灰色
```

```
      [ set plabel-color white ]            ;; 否则设置为白色
      ]
   set boring-groups count group-sites with
   [plabel-color = gray]                    ;; 用单一性别群计数其所在的瓦片数
end


to-report boring?                           ;; 瓦片程序
   report length remove-duplicates          ;;（检验是否是单一性别的小群体：
   ([color] of turtles-here) = 1            ;; 软件将搜集参与者的颜色信息,
                                            并输入列表,然后删除所有的副
                                            本。如果表是单一颜色,那么小
                                            群体就是单一性别的小群体)

end


to update-labels                            ;; 更新标签
   ask group-sites [ set plabel count turtles-here ]   ;; 要求小群体位置,设置瓦片标签
                                            并计数参与者的个数
end


to choose-sex                               ;; 性别选择(参与者的程序)
   set color one-of [pink blue]             ;; 在粉色和蓝色中选择一个颜色
end


to-report woman?                            ;; 参与者的程序(若是女人,
                                            选择粉色)

   report color = pink
end                                         ;; 程序结束
```

第二章　NetLogo 模型命令的结构分析

　　仍以鸡尾酒会的模型为例，来分析这个模型程序的结构是什么以及其繁多的命令是怎样划分的。有助于读者更好从整体上把握 NetLogo 程序。

第一节　模型程序的结构分析

鸡尾酒会的模型结构

第一部分

global[……]

turtles-own[……]

第二部分

to setup

……

end

第三部分

to go

　　……　　　　　　　　筐内装了若干个小命令，作为新命令的定义内容。

　　to update-happiness

　　……

　　end

```
to leave-if-unhappy
......
end
to find-new-groups
......
end
to spread-out-vertically
......
end
to count-boring-groups
......
end
to update-labels
......
end
to choose-sex
......
end
end
```

第二节　模型程序的命令分析

一、鸡尾酒模型程序中的命令分析

（一）全局命令（类似全局命令地位的命令）结构

1. globals[group-sites boring-groups] 中括号中的名词应当全部是复数。全局变

量的优势在于，一旦定义后，下面的程序可以将之作为原语，在任意筐里都可以被直接使用。

例如 to setup 筐里，

```
to setup
   clear-all
   set group-sites patches with [group-site?]
   ……
   count-boring-groups          ;;count 是原语。用 count 直接连接 boring-groups
   ……
end
```

例如 to go 筐里

```
to go
   count-boring-groups          ;;count 是原语。用 count 直接连接 boring-groups
```

to go 筐里的 to find-new-groups 命令里

```
   let malcontents turtles with [not member? patch-here group-sites]
   ……
end
```

2. 变量特征的定义

turtles-own [happy? my-group-site]　;; 下文程序直接使用，但是需要对 happy? 和 my-group-site 分别二次定义。

例如：

```
to setup
   [set my-group-site one-of group-sites  move-to my-group-site]
   ……
end
to go
   if all? turtles [happy?] [ stop ]
   ask turtles[
      set my-group-site patch-here spread-out-vertically]
```

```
      ......
   end
   to leave–if–unhappy 命令里
      if not happy? [···]
   ......
   end
```

（二）一级命令

```
   to setup
         ......
   end
   to go
         ......
   end
```
筐内装了若干个小命令，作为新命令的定义内容。

（三）二级命令

```
   clear–all
   set &······
   ask #
   create–# [······]
   reset–ticks
   tick
   count–boring–groups
   update–labels
   if all? turtles
   find–new–groups
   update–labels
   count–boring–groups
   to–report group–site?
```

to update-happiness ······ end

to leave-if-unhappy ······ end

to find-new-groups ······ end

to spread-out-vertically ······ end

to count-boring-groups ······ end

to update-labels ······ end

to choose-sex ······ end

(四)三级命令

[group-site?]

[choose-sex set size 3 set my-group-site one-of group-sites move-to my-group-site]

[update-happiness]

[spread-out-vertically]

[happy?][stop]

[move-to my-group-site]

[update-happiness]

[leave-if-unhappy]

[set my-group-site patch-here spread-out-vertically]

let total count turtles-here

let same count turtles-here with[······]

let opposite(······)

set happy? (······)

if not happy? [······]

display

ask malcontents[······]

report

ifelse woman?[······]

······

（五）四级命令

[color = [color] of myself]

[stop]

[fd 1]

[set heading 180]

[any? other turtles-here]

ifelse can-move? 2 [fd 1][set xcor xcor - 1　set ycor 0　fd 4]]]

被框住的部分是第五级命令

　　总之，在判断一个例程中的命令是几级时，首先，可以根据固定的原语进行判断。例如 globals、#-own[……] ; to setup、to go；ask[……] 等原语，可以认为分别是全局命令、一级命令和二级命令等。其次，要注意到特例的情况。即"[……]"内的命令词相对比较灵活。有时在 [ ] 中嵌套出现"ask#[set……]"这样的命令，这时需要根据命令的整体结构判断其是几级命令。例如，在原例程中的五级命令的界定。

二、各类型变量的使用分析

　　全局变量：globals [group-sites　boring-groups]，group-sites 和 boring-groups 就是全局变量名称。

　　海龟变量（特征变量）：turtles-own [happy?　my-group-site] happy? 和 my-group-site 相当于全局变量名称。

　　局部变量：turtles-here

to setup 例程中

set group-sites patches with [group-site?]

;; 直接使用全局变量

set my-group-site one-of group-sites move-to my-group-site

;; 直接使用全局变量和海龟变量（特征变量）

count-boring-groups

;; 直接使用全局变量

to go 例程中

if all? turtles [happy?]	;; 直接使用海龟变量（特征变量）
ask turtles [move–to my–group–site]	;; 直接使用海龟变量（特征变量）
ask turtles [set my–group–site patch–here]	;; 直接使用海龟变量（特征变量）
to update–happiness 例程	;;to go 例程下的次级例程
set happy? (opposite / total) <= (tolerance / 100)	;; 直接使用海龟变量（特征变量）
to leave–if–unhappy	;;to go 例程下的次级例程
if not happy? [^]	;; 直接使用海龟变量（特征变量）
to find–new–groups	;;to go 例程下的次级例程
let malcontents turtles with [not member? patch–here group–sites]	
	;; 直接使用全局变量

三、读取变量的主体分析

set group–sites patches with [group–site?]	;; 设置小群体的瓦片的位置（观察者读取）
create–turtles number	;; 建立参与者的数量（观察者读取）
ask turtles[	
choose–sex	;; 选择性别（变为男性或女性）（海龟读取）
set shape "person"	
set size 3	;; 放大参与者的型号（海龟读取）
set my–group–site one–of group–sites	;; 参与者的小群体位置从"小群体位置"中取值并
move–to my–group–site]	;; 移动到"参加的小群体"（海龟读取，上条同此）

练习：

1. 从模型库中找出一个模型程序，将这个程序语言进行结构划分，命令级别划分，找到各类型变量。

2. 尝试理解这个模型的程序语言和上下的逻辑关系。检测一下自己能够把握到何种程度。

第三章　NetLogo 模型中常用命令的分类及用法总结

一、全局命令（等同于全局命令位置的命令）

globals [#...]　　它定义新的全局变量。全局变量是"全局"的，因为能被任何主体访问，能在模型中的任何地方使用。这个关键词和 breed，–own，patches–own，turtles–own 一样，只能用在程序首部，位于任何程序开始之前。界面上添加"按钮"里的"滑动条""开关"是全局变量。一般可以通过界面的滑动条等按钮进行设置（更方便快捷），也可以在程序中写，直接写出命令内容即可。注意：软件中已有的名称就不用再做全局设置了，例如 turtles、patches。所以全局变量只定义软件中没有的变量名称，而且是临时性的，下次打开软件还需要重新再设全局变量名称。若用滑动条设置这个内容时，程序文字内容中的 global[ ] 可以省略。

breed[#s #]　　更改海龟的名称或者对海龟进行分类。软件默认的名字是 turtles，改名字时就用 breed 命令。要注意方括号里的应当是复数和单数，breed 只能用于 turtles，不能用于 links、patches 和观察者。

#–own[&]　　主体自带的特性。作为 to setup 和 to go 筐里的 set 要设置的内容。当用滑动条设置这个内容时，程序的文字内容可以省略（见附录第 10 项）

二、一级命令

to setup	对 turtles、patches、links 静止状态的设置。也可以提出包含一系列状态的新变量名称，并在下一段命令例程中定义。这些状态包括颜色、形状、位置、型号、条件选择等（注：新变量仅仅是赋值的，就采用滑动条，如果还包含其他很多状态的就采用命令例程定义。用 to+ 新变量名称启动定义模式，这个新例程一般放在"to go"例程筐里）
to go	对 turtles、patches、links 动态的行动进行设置。例如：向前走，向左向右转弯，产生新变量，死亡、年龄增长、获得邻居的颜色、变色等。
end	每段命令结束。都用 end。（to setup…end；to go…end；to 新变量…end）

三、二级命令

clear-all	清理页面。通常用在 to setup 命令之后。保证反复按"setup"按钮时，画面结果不会反复增加 turtles。如果将 clear-all 放于 to go 之下，那么点击 go 按钮后，会出现清盘。图面上的 turtles 会全部消失。
create-turtles num	建立几个海龟。例如 create-turtles 8。只能建立海龟，不能建立瓦片时。建立海龟时可以缩写 crt num，若 create-新名称 num，则不能缩写。注意：不能省略中间的连字符。如果用滑动条定义主体数量时，程序内容页命令的数值部分要用"number"代替"8"等具体数字。
ask turtles [ ]	具体设置变量属性的命令。用在 to setup、to go、to 新变量的部分。在 to setup 部分中，一般放在 clear-all 之后，[ ] 里写命令的内容。
reset-tick	时间清零。从这个命令以下，时间从 0 计数。
tick	启动时间推进的命令。一般与 rest-ticks 上下配套使用，

也可以单用。从次命令之下开始，推动时间前进。

wait 小数　　　　减速器。在 go 循环运作前提下，减缓速度。（一般设置为 wait 0.01，速度不快不慢）一般放在 to go 的命令筐的最后，end 之前。

to search 命令筐　　"to + 新变量名称"的示例。通常在 to go 的命令之下。启动这个例程时，下面要录入主体运动的方向，运动的步长，运动中的条件、运动后的状态等。（类似的二级命令，第二节中有描述）

四、三级命令

set…　　　　放在 ask # [ ] 中括号里的命令单词。也可以看作是设置变量具体属性的命令。在例程从，与之地位相同的还有其他的一些动词命令。如 die hatch sprout 等，此外还有条件命令 if……[ ] 和 ifelse……[ ][ ] 在例程中的地位与之相同。

fd num　　　　放在 to go 命令筐里。ask #[fd 2]（"bd num" "rt num" "lt num" 等 —————— 同此）

die　　　　放在 to go 命令筐里。ask #[die]。软件自带的动词命令（原语），直接使用即可。

search　　　　新动词变量示例。放在 to go 命令筐里。ask #[search]。不是软件自带的命令，需要在 to go 命令结束后，用 to search 定义。

if…[ ]　　　　ask # [if …[ ]]

ifelse[ ][ ]　　　ask # [ifelse …[ ][ ]]

pen-down　　　放在 to go 命令筐里。ask #[fd 1 pen-down] 画海龟运行轨迹的命令。

ask # [ ]　　　根据命令内容的需要，很多时候也把这个二级命令放到三级命令框里。ask # [ask #[set …]]

（备注：在一个程序页里，只能有一个 to setup……end 例程，一个 to go……end 例程。其余例程为 to go 例程下的次级例程）

第三篇
命令结构的应用及详解

第一章　模型中不同命令结构的演示与解析

例程示例：

```
turtles-own [energy]
to setup
    clear-all
    ask patches [ set pcolor green ]
    create-turtles 100                      ;; 可用"滑动条"设置替换
    ask turtles [ setxy random-xcor random-ycor ]
    reset-ticks
end


to go
    if ticks >= 500 [ stop ]                ;; 时间单位超过 500 时停止
    move-turtles
    eat-grass
    check-death
    reproduce
    regrow-grass
    tick
end


to move-turtles
    ask turtles [
```

```
        right random 360
        forward 1
        set energy energy – 1   ]
end

to eat–grass
  ask turtles [
    if pcolor = green [
      set pcolor black
      set energy energy + energy–from–grass  ]
    ifelse show–energy?                    ;; 用"开关"设置表示
    [ set label energy ]
    [ set label "" ]
  ]
end


to reproduce
  ask turtles [
    if energy > birth–energy [
      set energy energy – birth–energy     ;; 设置海龟的能量为总能量减去
                                               出生能量
      hatch 1 [ set energy birth–energy ]  ;; 孵化一个海龟，并将其能量设置
                                               为出生能量
    ]
  ]
end


to check–death
  ask turtles [
    if energy <= 0 [ die ]                  ;; 当海龟能量剩余为 0 时，删除这
                                               个海龟
```

```
    ]
  end


  to regrow-grass
    ask patches [
```
;; 100 个随机数中小于 3 的，
就将瓦片颜色设为绿色
```
      if random 100 < 3 [ set pcolor green ]
    ]
  end
```

一、全局命令的演示

滑动条命令：可以有可变数量的海龟，而非总是 100 个。可以通过改变最大值或最小值实现。或者通过修改 to setup 例程中 create-turtles 100。例如：

```
  to setup
    cearl-all
    create-turtles 100[
    setxy random-xcor random-ycor]
  end
```

这条命令可改为 create-turtles **number**[
在滑动条中设置 "100"。

监视器命令：随时观测主体及其属性的变动情况。使用工具条上的监视器图标，在界面空白处创建一个监视器。出现对话框。在对话框和标题中都输入 count turtles（如图 11）按 ok 按钮关闭对话框。（turtles 是一个 "agentset"，即所有海龟的集合。count 告诉我们这个集合中有多少主体。）图 12 是设置瓦片的监视器，将监视器功能设置为 "即时看到绿色瓦片的动态"。

图 11

图 12

开关命令：任何时候看到所有海龟的能量数据。增加一个开关能控制这些额外信息显示与否。具体步骤：

在界面页的工具条上选择开关图标，在空白处单击，创建一个开关。出现一个对话框（图 13 所示），在对话框的 global variable 部分输入 show-energy?（别忘了 show-energy? 中的问号，图 13 所示）图 14 即是设置完毕后的效果图。

图 13   图 14

to go 程序下的 to eat-grass 命令筐

to eat-grass

   ask turtles[

if pcolor = green[

set pcolor black

set energy enery + 10]

ifelse show-energy?   ;; show-energy? 的值（由开关决定）。将能量值赋

                                    给海龟标签。

[set label energy]   ;; 如果开关打开，海龟执行第一个 [ ] 中的命令。

[set label ""]   ;; 如果开关关闭，海龟执行第二个 [ ] 中的命令，

                                    移去文本标签（通过将海龟标签设为空）。

   end

（备注：编写程序时，首先要写全局命令。全局命令意味着，全局设定的变量及其特征，后面的 to setup、to go、to 新变量例程都可以直接使用，无须再定义。原则是：能用滑动条设置的就用滑动条设置。如果不想修改程序文字，那么滑动条与程序文字二选一，不可以同时并存）

二、分类、特征命令演示

breed[复数 单数]　　　　　　　breed[women woman]　breed[dogs dog]　breed [cars car] 变量名称随意编写都可以。可以通过改名字，设定不同的属性以划分群体、类别。

turtles–own[属性]　　　　　　　turtles–own[sex]；cars–own[type]；patches–own[soil–fetility] 注意：第一，如果变量名称由多个单词构成，那么单词间必须有连词符，让软件识别由多个词组组成一个变量名称。第二，"turtles" 是个总称，即便用 breed[……] 将 turtles 改成各种名字，仍然可以用 turtles 设置所有新名称变量的属性或动作。例如：

```
breed[dogs dog]
breed[cats cat]
to setup
  clear–all
  create–dogs 3
  create–cats 4
  ask turtles [set color yellow          ;; 设置所有的 "猫" 和 "狗" 都为
                                         ;; 黄颜色。
  setxy random–xcor random–ycor]         ;; 设置所有的 "猫" 和 "狗" 为随
                                         ;; 机坐标。
end
```

第二章　to setup 命令筐的演示与解析

第一节　to setup 命令筐——海龟

一、创建海龟和设置海龟属性

在界面标签页添加一个 "setup" 按钮 "。然后在程序标签页写出以下例程。最后，点击 setup 按钮运行。

```
to setup                        ;; 静态设置命令
clear-all                       ;; 清盘控制
create-turtles 3                ;; 创建 3 个海龟
ask turtles [                   ;; 设置变量（海龟）的属性，加左方括号
  set color red                 ;; 设为红色（中括号中用 set 命令）
  set shape "person"            ;; 设为人形（circle 圆形）
  set heading 90                ;; 设头部朝向（默认顺时针 90 度方向，这里只有
                                   arrow 等非生命体形状时，才会体现出来）
  set size 8                    ;; turtles 的型号设置为 8 号（相当于设置字体）
  setxy xcor random-xcor        ;; 设置 xy 轴 --x 轴的坐标设为随机（cor 坐标缩写）
    ycor random-ycor            ;; y 轴的坐标随机
]                               ;; 右侧方括号
end                             ;; 命令结束
```

备注 1：如果将 create-turtles 3 换作 create-turtles 1，即创建 1 个海龟，可以在 to setup 命令后写，也可以通过滑动条设置。接下来将 ask turtles 改为 ask turtle 0[ ]，因为软件给第一个海龟默认的赋值名称为 0。也就是这个海龟是定位为 0 的海龟。

备注 2：如果想给海龟改名字，那么可以用到 breed[ ]。例如：breed[women

62

woman]，括号内一定是复数和单数。放在 to setup 的前面。

```
breed[women woman]
to setup
  clear-all
  create-women 3
  ask women [
    set color blue
    set shape "person"                     ;; 表示字符串时，要加引号。
    setxy xcor random-xcor  ycor random-ycor
  ]
end
```

备注 3：① ctrl "+" 是放大字体的快捷键。Ctrl A 是全选快捷键。字母与运算符号间要有空格。字符要加双引号。

②如果通过滑动条设置 women，那么在程序语言中，要么删除 "create-women 3" 这句，要么修改为 "create-women number"。滑动条中 "最小值" 意思是，图表里最少有几个人。最少可以是 0 个，也可以是 1 个)。

③全局设置的滑动条要在运行前设置好。

④ create 拼写，最后一定有 "e"。诸如此类，单词拼写错误会显示命令错误的提示。

⑤创建海龟时，必须表明海龟位置，否则所有的海龟就会重叠在中心点的位置。

⑥创建海龟时，create-turtles num 后边必须有中括号。否则软件显示错误命令。中括号内是设置颜色、位置、形状等时必须 set 开始。

⑦要记得变量单词间的连字符 "-"，被连起来后的若干个单词表示 1 个变量。

二、拓展内容：观察框、学习命令中心——查看具体海龟的情况

接上一节的程序内容，如果创建了三个女人后，想观察下 3 个女人分别在什么位置，各是哪位。那么就要用到观察框和命令中心了。在界面标签页下方的 "观察框" 里分别三次输入左边的 inspect woman 0-2，就会跳出一个对话框，在对话框里修改颜色和型号就会找到目标：

（1）inspect woman 0

                  color -- red

                  size -- 8（自设）

（2）inspect woman 1

                  color --blue

                  size -- 7

（3）inspect woman 2

                  color -- yellow

                  size --6（自设）

（备注：电脑默认 women 的编号从 0 开始。所以是 3 个主体 woman 的编号是 woman0-2 而不是 woman1-3。woman 的编号与滑动条中的最大值、最小值没有关系。滑动条中的值是数值，而编号的数字仅仅表示字符含义）

再举一个例子：

create-turtles 1   在"界面"窗口的下放"观察员"栏里输入

inspect turtle 0   右边出现属性设置框如下，设置海龟特性。

who -- 默认

color -- red（blue 自设）

heading --90（自设）

xcor --2（自设）

ycor --2（自设）

shape -- "arrow"（"person"）自设

label -- 默认

label --color -- 默认

breed -- 默认

size -- 8（自设）

pen-size --5（自设）

pen-mode -- "down"   画笔设置，意思是开始落笔，画轨迹。如果

                              是 up，没有轨迹，turtles 只有运动结果。

点击 "watch me"，海龟被圈住。

三、拓展内容：显示海龟运行痕迹的命令（运动的程序，要放在 to go 命令筐中）

在界面标签页添加一个"go"按钮并设置为"循环"。然后在程序标签页写出以下例程。最后，点击 go 按钮运行。

```
to go
    clear-all
    ask turtle 0[pendown
        fd 30
            rt90
        fd 30
            rt90
        fd 30 ]
end
```

于是会出现方形的图画，也就是说编号为 0 的 turtle，它的运行轨迹是一个方形。

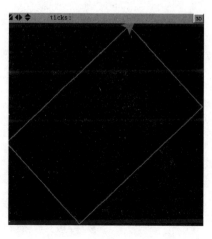

图 15

第二节 to setup 命令筐——瓦片

瓦片常常被假设为种族、组织等等，虽然是主体之一，但是 breed[ ] 不能用于瓦片。由于既存于模拟的世界之内，其位置是固定的，因此不能像命令海龟坐标位置随机那样设置瓦片的位置。也不能像命令海龟前后左右运动的方式，要求瓦片移动，不能改动一个瓦片 xy 坐标值，只能通过坐标值的选取，选择不同位置的瓦片。所以，setxy random-pxcor random-pycor 的命令是不合法的。只能是 ask patches with [pxcor > 0 and pycor < 0][set pcolor red] 这样的模式。此外，也由于瓦片是既存于这个世界的，因此也不能像创建几个海龟那样去创建瓦片，所以 create paches num 的命令被视作不合法。

一、瓦片属性变量的设置

（一）基本设置

patches-own[	;; 类似全局设置，要放在程序最前端 patches-own 是变量名称，其后直接写中括号，瓦片伴随的属性变量是"土壤类型"。
soil-type]	;; 结束的中括号
to setup	
clear-all	
ask patches[	;; ask 后一定要接对象名词后才加"[ ]"。因为要瓦片去设置它的土壤属性，所以 ask 后是瓦片而不是海龟
set soil-type random 2	;; 这里是指给土壤类型在小于 2 的正整数间，随机赋值。（相当于用 0 和 1 给 soil-type 赋值）
]	;; 表示 ask 命令结束的中括号

ask patches with[soil-type = 1]　　　要求当瓦片满足…条件时，用 with[ ]

　　　　　　　　　　　　　　　　　当土壤类型被赋值为 1 时，设置为红色

　　　　　　　　　　　　　　　　　"="前后都要有空格键

[set pcolor red]

end　　　　　　　　　　　　　　程序命令结束

（备注：① patches-own 的属性设置必须放在最前面。

②颜色设置要可以写成英语，也可以用数字代替。但数字前要用"="，记住"="前后要空格。

③ soil-type 也可以用滑动条的设置为全局变量。滑动条中的名称设置要与 soil-type 一致。同时记得修改例程中的语言。

④若用滑动条设置，取值应当设置为最小值"0"，最大值"1"。

⑤方括号里要 set 开头，但是除了 with[] 的情况。with[ ] 命令单独成一个封闭方括号，第二个括号中可以放入 set 命令。

⑥ ask 是要求的意思，set 是设置的意思。当命令内容是"要求背景或海龟怎样时，用 ask；当设置成为什么状态时用 set"。

⑦ ask 后面只能加主体，而不能直接加主体的属性。set 后面只能加属性而不能直接加主体。这就是为什么 ask patches with[属性的条件][set 加结果]。

⑧如果在程序语言的最顶部写过全局设置的程序，那么就不能再用滑动条进行设置了。若想用滑动条，那么就不能在程序页中编写这个语言。

（二）多个瓦片的属性设置与简化写法（右侧）

原例程：

patches-own[soil-type]

to setup

clear-all

ask patches[set soil-type random 5]　　;; [set pcolor (random colors) * 10 + 5] 这句命令可以取代从这条命令和以下 5 条 ask [ ] 的命令。意思是颜色表中，每 10 个换一种颜色，每加 5，表示最鲜亮的

ask patches with[soil-type = 0] [set pcolor red]

```
ask patches with[soil-type = 1] [set pcolor blue ]

ask patches with[soil-type = 2] [set pcolor yellow ]

ask patches with[soil-type = 3] [set pcolor green ]

ask patches with[soil-type = 4] [set pcolor white ]
```
                          软件中没有 soil-type=5 的情况，因为是从 0 开始计数
```
reset-ticks               ;; 重置时间。意思是，瓦片的属性设置完毕后，时间归零

end
```

修改后的例程：
```
patches-own[soil-type]

to setup

clear-all

ask patches[set pcolor (random colors) * 10 + 5]

reset-ticks

end
```

练习：

比较两个例程的效果图：在界面标签页添加"setup"按钮，运行后发现，两个例程的效果图是否一样。

第三章　to go 的命令筐的演示与解析

to setup 例程，只是各个变量初始状态的设置。如果要使初始状态自主变化，并模拟变化的过程，需要 to go 的例程。也就是 to go 例程是令主体自主运动的指令。一般情况下，不把初始状态的设置放入 to go 下面。例如不把颜色设置、型号设置、初始位置、形状等命令放在 to go 的例程内，而是将海龟向前、向后走，左右转弯，合并，孵化小海龟，死亡等等放在 to go 命令下实现。

第一节　to go 运用的演示

例一：
```
to setup
   clear-all
   create-turtles 6[
      setxy random-xcor
      random-ycor]
end
to go
   ask turtles [                          ;; 在运行命令里，ask[ ] 里面不需要 set 开
                                          头，因为 fd、rt 已具有动词性质
```

```
    fd 10                          forward 缩写
    rt 90                          turn right 缩写
  ]
end
```

例二：to go 筐内——让 turtle 运动留下痕迹。（利用这个可以画画）

先在界面标签页添加 setup 和 go 按钮，并将 go 按钮设置循环状态。然后在程序标签页写出以下例程：

```
to setup
  clear-all
  create-turtles 5[
  setxy random-xcor   random-ycor]
end
to go
  ask turtles [
  fd 10
  pen-down
  rt 90
  pen-down
  fd 10
  ]
end
```

或者也可以将 to go 例程改为

```
to go
  ask turtles [ pen-down fd 10 rt 90 fd 10 ]
end
```

备注：关键在于设置 go 按钮为循环，海龟数目稍微多一些。如果 go 设置为循环，那么就出现几条直线。如何画出套叠的多个圆？（小技巧：转 35 度是圆，40 度以上是六边形。90、270 度是正方形，120 度是三角形，160 度是漂亮的星星，170、200 度是漂亮的多个尖角齿轮，180 度是直线，360 度就成为一片）

第二节　理解一个简单的完整例程

添加 setup 和 go 按钮，设置"按时间步伐更新"。

breed[persons person]	将海龟改名为人
persons−own[age]	persons 变量有一个 age 属性变量。下文要读取并定义 age

```
to setup
  clear−all
  create−persons 5[                      建立 5 个人
    set color red
    set shape "person"
    set size 8
    setxy  random−xcor  random−ycor
    set age 0 ]                          persons 的 age 取值从 0 开始。
  reset−ticks                            时间设置为 0
end


to go
  ask persons [set age (age + 1)]−       age 变化的规则是下一时刻变成
                                         age+1（只变化 1 次）

  ask persons with[age > 4][die]         当所有主体的 age>4 时，主体全
                                         部消失。（全部黑屏）

  tick                                   驱动时间前进，看几次可以全部
                                         消失

end
```

一、可能出现的疑问

1.set age 0；ask persons [set age (age + 1)] 分别是什么意思？

2.ask persons with[age >4][die] 是什么意思？运行结果是什么？怎么解释？

3.ask persons with[age >num][die] 改为别的数字，运行结果是什么？又怎么解释呢？

4. 如果把 set age 0 改成 set age = 0 时，提示会出现"set" expected 2 inputs 的错误提示。是什么意思？为什么？（参见附录 1：NetLogo 错误命令提示的说明）

二、疑问解析

1.set age 0 与 set age (age + 1)：这两句命令的意思：假设每个人初始年龄为 0 岁，每推进一个时间单位就长一岁。（age+1）是 age 变化的步距。这个命令的意思是：（0 号 person 的 age+1）；（1 号 person 的 age+1）；（2 号 person 的 age+1）；（3 号 person 的 age+1）；（4 号 person 的 age+1）。下一时刻，总共是 5 个主体的 age 分别 +1。

2.with[age > 4][die]：这句命令的意思是，当年龄达到 4 岁时，就死亡。点击 setup 按钮，界面屏幕出现 5 个人。点击 go 按钮 5 次时，全部消失，变为黑屏。

3. 如果将 4 改为 5 或者 60、80 等，那么无论点击次 go 按钮，那么点击 5+1 次，60+1 次，80+1 次后消失。含义是：当主体大于 5 岁时死亡，或者大于 60 岁（80 岁）时死亡。

备注：①属性变化的步距用 [set 属性（属性 运算符 数字）] 表示。

②[die]：表示主体消失，die 是原语。

③[fd 1] [bk 6] 中的 fd、bk 是独立命令，其之前不用加"set"与 [set color red] 区别。

④更新类型的选择很重要，如果换成"连续更新"，那么过程被忽略，直接一个黑屏结果，容易令人迷惑不解。

第四章　几个常用命令的演示及解析

　　例程中常用命令的作用在此章中不再赘述，此章主要通过讲解例程中一些主要命令代码（程序命令）位置及运行的效果，以帮助初学者在未打开软件的条件下，也能掌握这几个常用命令的用法。

第一节　clear-all 作用的演示及解析

clear-all 是清盘的命令，具体请见上篇章节或词典。

1. 当 to setup 、to go 后没有 clear-all

```
to setup
  create-turtles 1[
    set size 8    setxy random-xcor    random-ycor]
end
to go
  ask turtles 0[
    rt 90
    fd 5 ]
end
```
结果：反复按 setup 按钮，依次增加 1 个 turtle。按 go 按钮，全部 turtles 在运动。

2. 当 to setup 后加上 clear-all，但 to go 后面没有 clear-all

```
to setup
  clear-all
    create-turtles 1
    [set size 8  setxy random-xcor  random-ycor]
end
to go
  ask turtles[
rt 90
fd 5]
end
```

结果：反复按 setup 按钮，只有 1 个 turtle，不再增加。按 go 按钮，正常运动。

3. 当 to setup、to go 后都有 clear-all

```
to setup
  clear-all
  create-turtles 1[
    set size 8  setxy random-xcor  random-ycor]
end
to go
  clear-all
  ask turtles[
rt 90
fd 5
]
end
```

结果：反复按 setup 按钮，只有 1 个 turtle。但一按 go 按钮，全部消失。原因在于，clear-all 执行了清盘命令，所以其下的 ask[] 命令已经被清洗掉了，软件无从识别。

4. 当 to setup 没有 clear-all，to go 有 clear-all

```
to setup
  create-turtles 1[
```

```
        set size 8  setxy random-xcor   random-ycor]
end
to go
  clear-all
  ask turtles[rt 90    fd 5]
end
```

结果：反复按 setup 按钮，增加 turtles。但一按 go 按钮，全部消失。

第二节 create 作用的演示及解析（"#"表示变量名称）

create-turtles number	建立几个海龟（或者改名后的名称）。这里需要注意的是，如果后文不追加海龟的坐标设定，那么这些海龟就会被默认重叠到【0，0】点，堆成一堆。所以，一般要在这个命令之后增加 ask #[setxy random xcor random ycor] 这样的命令。结果就是若干个海龟随机分布在图框内。可以缩写为 crt 5。
create-order-turtles number[fd10]	建立几个有序排列的海龟（或改名后的名称）并依据头的朝向，往前 10 个单位。[fd 10] 就相当于坐标设置。没有这个，海龟们也会重叠到中心点。[fd 10] 的成像结果，是头朝外的五边形的点。当然方括号内也可以是别的指示 [bk 10]，其成像结果是（尖头朝中心点的五边形的点）。"Create-order-#"，可以缩写为 cro 5。这个命令通常用来模拟群体网络。

create-link-with turtles 0　　　　　　在调用者（别的 turtle）和 agent（指定的
　　　　　　　　　　　　　　　　　　　turtle 0）之间创建一个无向链。

create-link-to turtles 0　　　　　　　创建一个从调用者（别的 turtle）到 agent
　　　　　　　　　　　　　　　　　　　（指定的 turtle 0）的一个有向链。

create-link-from turtles 0　　　　　　创建一个从 agent（指定的 turtle 0）到调
　　　　　　　　　　　　　　　　　　　用者（别的 turtle）的一个有向链。

示例 1 :（有方向和无方向的链，分别见图 16-18）

```
to setup
  clear-all
  cro 5 [bk 10 set size 8]
ask turtle 0[create-red-links-from other turtles
                    替换为 create-red-links-to other turtles
                    替换为 create-red-links-to other turtles
set color red
set thickness 0.5]
end
```

create-links-from other turtles

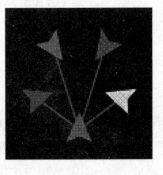
create-links-to other turtles

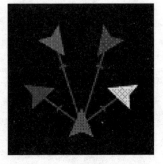
create-links-with other turtles

图 16　　　　　　　　　　　　图 17　　　　　　　　　　　　图 18

示例 2:（主体集合中的所有主体之间创建无向链，如图 19）

```
to setup
  clear-all
  cro 5 [bk 10 set size 8]
ask turtles[create-links-with other turtles
```

替换为 create−red−links−to other turtles

替换为 create−red−links−to other turtles

set color red

set thickness 0.5]

end

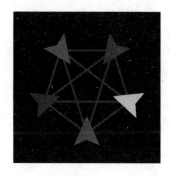

图 19

示例 3:（主体集合中的所有主体依次创建无向链，如图 20）

to setup

　clear−all

　cro 5 [bk 10 set size 8]

　　ask turtle 0 [create−link−with turtle 1 create−link−with turtle 4]

　　ask turtle 2 [create−link−with turtle 1 create−link−with turtle 3]

　　ask turtle 4 [create−link−with turtle 3]

　　ask links [set color red　set thickness 0.5]

end

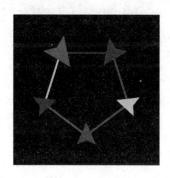

图 20

备注：①设置世界是平面的（取消横纵运动的复选框）。

②主体不能和自己建立连接。所有必须用到"other"两个主体之间只能建一个同方向的链，不能建立两个及两个以上的同方向（或者无向）的链。两个主体间可以有两个不同方向的链（例如：将 ask turtles[create-links-with other turtles 命令改为 ask turtles[create-links-from other turtles 或 ask turtles[create-links-to other turtles）

扩展：以上的例程内容可以在界面标签页的"观察窗"里，逐一输入，并在弹出的窗口更改链的属性。

在观察窗口输入

例如：制作与修改图 15 的步骤

第一步：

cro 5 [bk 10   set size 8]

第二步：

ask turtle 0[create-red-links-from other turtles——会出现灰色细线条

第三步：在每条线段上，点击右键，进行线条颜色和粗细的设置。（0.5 的粗细就好）

最后就可以看到第一幅图。

例如：制作图 19 的步骤

在观察员窗口输入：ask turtle 0 [create-link-with turtle 1]

ask turtle 0 [create-link-with turtle 4]

ask turtle 2 [create-link-with turtle 1]

ask turtle 2 [create-link-with turtle 3]

ask turtle 4 [create-link-with turtle 1]

结果图就是一个没有箭头方向的封闭式图形。

第三节　瓦片命令——neighbors 作用的演示及解析

neighbors：返回由 8 个相邻瓦片（邻元）组成的主体集合。

neighbors4：返回由 4 个相邻瓦片（邻元）组成的主体集合。

一、neighbors

例如：

```
to setup
    clear-all
       crt 10
    ask turtles [set size 1 set color red setxy random-xcor random-ycor]
    ask turtles with[(xcor < 0) and (ycor > 0) ][set color blue]
       ask patches  with[pycor > 0 and pxcor < 0][set pcolor white
       show count turtles-on neighbors]
end
```

讲解：**show count turtles-on neighbors**，意思是显示相邻 8 个瓦片上有几个海龟。在指令中心框显示 (patch −8 12): 1，意思是以坐标为（−8 12）的瓦片为中心的相邻 8 个瓦片上有 1 个海龟。（黑色的小方块是中心瓦片，蓝色的小点是居于其 8 个相邻瓦片上的海龟）（见图 21）此条命令等同于 show sum [count turtles-here] of neighbors 这个命令。

图 21

再例如：

```
to setup
  clear-all
  crt 10
  ask turtles [set size 1   set color red   setxy random-xcor random-ycor]
  ask turtles with[(xcor < 0) and (ycor > 0) ][set color blue]
  ask patches  with[pycor > 0 and pxcor < 0]
  [set pcolor white   show count turtles-on neighbors
  ask neighbors [ set pcolor red ]]
end
show count turtles-on neighbors        指令中心显示 (patch -15 1): 0
```

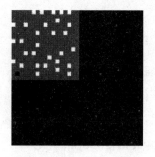

图 22

讲解：这个例程后粗体字的意思是，将第二象限设置为白色，并展示相邻 8 个瓦片上的海龟，同时将随机一个白瓦片的相邻 8 个瓦片设置为红色。**ask neighbors [set pcolor red]** 的意思是在第二象限中，随机找一个白瓦片，让其四周的 8 个相邻白瓦片全部变成红色。图 22 即是效果图。因为 neighbors 命令的读取主体只能是 patches，所以在这个例程中，不可以使得此 **ask neighbors [set pcolor red]** 命令成为二级命令。这条命令必须全部放在 ask patches[ ] 才可以正确运行。其次，show count turtles-on neighbors 这条命令也在指令中心随机抽到一个瓦片，发现其相邻的 8 个瓦片上没有海龟。（第二象限中，左下方的黑色小方格就是坐标为（-15 1）的瓦片，很显然第二象限中的蓝色海龟不在其周边的 8 个瓦片上）

二、neighbors 4

```
to setup
    clear-all
    ask patches with[pycor > 0 and pxcor < 0] [set pcolor black
```

ask neighbors4 [set pcolor red]]　　;; 第二象限的随机一个红瓦片，其上下左右共 4 个瓦片从黑色变成红色（不包括对角线的共 4 个瓦片）

```
    end
```

neighbors: 返回由 8 个相邻瓦片组成的主体集合　　　　neighbors4:4 个相邻瓦片组成的主体集合

图 23

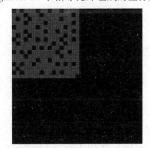
图 24

比较后发现：neighbors 意味着更多的瓦片变成红色（如图 23）。neighbors4 相对更少的瓦片变成红色，更多的瓦片保留原有的黑色（如图 24）。

第四节　条件命令的作用的演示及解析

一、条件命令的格式

条件命令的格式常用的有三种

（一）with 条件

ask # with[& 条件] [结果]   放结果的方括号里（直接用动词，因为其
                                        主语是主体。或者 set 属性词结果）

例如：ask turtles with[age > 0][die]

　　　 ask turtles with[age > 0] [set color blue]

（二）if 条件

if 属性条件 [结果]   放结果的方括号里（只能是 set 属性词 结果）"if"
                             等同于"set"地位。都放在 ask # 方括号里的首
                             位。也就是说 if 前不写"set"

例如：ask turtles [set ycor random-ycor

　　　　 if xcor > 0 [set color blue]

　　]

备注：if xcor > 0 [set color blue]，xcor > 0 就是 & 条件；set color blue 就是结
果。（if xcor > 0 and ycor > 0[set color blue]：意思是第一象限的主体设置为蓝色。了
解 and 含义）

（三）ifelse 条件

ifelse 等于两个相反的 if 连在一起。

ifelse 属性条件 [set 属性 结果 1][set 属性 结果 2]

例如：

ask patches[

　　 ifelse xcor > 0   ;; ifelse 的用法与 if 是一样的。格式也相似这三个
                               方格就相当于放在一起的两个 if 命令。

                               If xcor > 0 [set color blue] If xcor <=0 [set color white]

　　 [set color blue]

　　 [set color white]

]

这个 ifelse 命令表示的意思是，如果 persons 的 x 坐标 >0，那么让它变成蓝色，如果 <0，让它变成红色。

二、三种条件命令的比较与替换

（一）ifelse 与 if 命令的效果比较与替换

例 1：if 命令

breed[persons person]

to setup

 clear-all

 ask patches [set pcolor white]

 set pcolor white

 create-persons 5[

  set color red

  set shape "person"

  setxy xcor random-xcor

  setxy ycor random-ycor

  if xcor > 0 [set color blue]

  if xcor < 0 [set color black]

 ]

end

图示结果：第一、四象限是蓝色，第二、三象限是黑色。不再有红色。

例 2: ifelse 命令

breed[persons person]

to setup

 clear-all

 ask patches [set pcolor white]

 set pcolor white

 create-persons 5[

```
      set color red
      set shape "person"
      setxy xcor random-xcor
      setxy ycor random-ycor
      ifelse xcor > 0 [ set color blue ][ set color black ]
    ]
end
```

图示结果：效果与例 1 是完全一样的。

（二）with 命令与 if 命令的替换与比较

例 1:

```
breed[persons person]
persons-own[age]                         ;; 如果设置滑动条，就不能在程序
                                            里面写出来。
to setup
   clear-all
   create-persons 3[
      set color red
      set shape "person"
      set size 8
      setxy random-xcor random-ycor
      if xcor > 0[ set color blue ]       if 条件
      set age 0
   ]
      reset-ticks
end
to go
   tick
   ask persons [set age (age + 1)]
   ask persons with[age > 3][die]        可以用 if 代替吗?
```

end

结果：由于有 if 条件，当落入第一、四象限的主体就会变成蓝色，二、三象限的主体就是红色。又因为 with[age > 3]，所以点击四次 go 按钮后，所有主体消失。

例 2:

```
breed[persons person]
persons-own[age]                        ;; 如果设置滑动条，就不能在程序
                                        里面写出来。

to setup
   clear-all
   create-persons 3[
   set color red
   set shape "person"
   set size 8
   setxy random-xcor random-ycor
   if xcor > 0[ set color blue ]         ;; if 条件
   set age 0
]
   reset-ticks
end
to go
   tick
   ask persons [set age (age + 1)
     if age > 3 [die]                    ;; 原来 ask persons with[age > 3][die]
   ]
end
```

备注：方括号的数量，必须是成对出现，有左括号就需要有对应的右括号。替换命令后，这里有两对中括号。

（三）with 命令与 ifelse 命令的替换与比较

例 1：

```
breed[persons person]

persons-own[age]                          ;; 如果设置滑动条，就不能在程序里
                                             写出来。

to setup
   clear-all
   create-persons 3[
   set color red
   set shape "person"
   set size 8
   setxy random-xcor random-ycor
   if xcor > 0[ set color blue ]           ;; if 条件
   set age 0
]
   reset-ticks
end
to go
   tick
   ask persons [set age (age + 1)]
   ask persons with[age > 3][die]          ;; ifelse age > 3 [die] [[hatch 1 [fd 1]]]
```

图示结果：点击 go 按钮，前三次，每一次会生出一个新的 person，第四次时全部消失。

（备注：hatch 是软件原语，意思是本海龟生出 number 个新海龟。每个新海龟与母体相同，处在同一个位置。然后新海龟运行 hatch[ ] 中的命令。方括号中的命令可以给新海龟的颜色、方向、位置等特征进行设置）

扩展：one-of 命令与 n-of 命令的作用的演示及解析

一、one-of：其中的一个。按照英语语法习惯使用即可。

ask one-of turtles [set color green]

ask turtles [set shape one-of shapes]

set heading one-of [90 270]

二、n-of size agentset：　　　　　　对主体集合，从输入主体集合中随机选取
（不重复）size 个主体组成一个主体集合，
返回该主体集合。

ask n-of 80 patches[set pcolor red]　　从所有的瓦片中随机选 80 个瓦片并将这
80 个瓦片设置为红色。

（备注：n-of 是一个整体命令，不可以把 n 换成数字。此命令格式：ask 后直
接跟 n-of + 数字 + 主体 < patches 或 turtles> ）

第四篇
文字与程序对应的逻辑

NetLogo 最终的目的是通过主体当下的状态和相互间关系的发展，模拟现实世界的行为并预测未来的结果。因此我们学习例程也好，了解常用命令也好，都是为了能够把现实世界的状态和变化过程用 NeteLogo 的程序语言表达出来。于是，就存在程序语言与现实世界关系的相互转换，这涉及到二者对应的逻辑。本章主要通过三个难度渐进的实例，大致归纳出虚拟世界语言与现实世界状态对应的规则，以方便读者更好地掌握和应用 NetLogo 软件。

第一章　种族竞争的模拟与逻辑分析

一、现实世界的描述

1. 不同种族的人口初始随机分布。（假设有 10 个种族）

2. 每个种族的人与周边任意一个种族通婚，获得通婚种族的下一代。当通婚的子代出生时，意味着原有种族的亲代死亡。这一轮被叫做"人口生命历程"。每一轮代表所有人口的生命历程。）

3. 要求模拟：多轮次后，哪个种族能延续下去。（每一次通婚的 % 是有限的，看运行多少次后，子代的颜色全部一样）

二、思路分析

第一步：需要种族人口的程序表达。用海龟还是瓦片？

1. 如果用海龟来假设种族人口，那么需要建立十个人口规模，同时要给每个人口规模建立十种颜色，予以区别。以下给出三个人口规模的例子。

例如

```
to setup
  clear-all
    create-turtles 190[set color yellow set size 3 setxy random-xcor random-ycor]
    ask n-of 80 turtles with[xcor > 0 ][set color red]
    ask n-of 10 turtles with[xcor < 0 and ycor < 0][set color blue]
end
```

说明：

（1）创建 190 人随机分布于四个象限，令其都为黄色。要求随机的 80 个人分布于第一、四象限，颜色变为红色；再要求其中的随机 10 个人分布在第三象限，颜色为蓝色。

（2）[setxy random-xcor random-ycor] 属于固定搭配，不能将之改为 [setxy xcor > 0 and ycor > 0] 之类的表述。如果想将 turtles 的坐标进行象限分色，那么需要借助 "with[ ][ ]" 这样的格式。上文程序语言表示的是大杂居小聚居的现状。如图 25 所示：

图 25

2. 如果设置"瓦片"的话，不必考虑精确到具体的数。（那么瓦片的规模是一样大吗？）

ask patches [set pcolor(random color) * 10 + 5]，只要考虑颜色就可以了。

（注意：瓦片不能用 create patches num 的命令；其次，瓦片不可以用 setxy random-xcor random-ycor 命令，因为瓦片的坐标不能随便改变）

第二步："种族的个体"怎么表达呢？"通婚"如何用程序表达呢？通婚种族的下一代怎么用程序表达呢？

一般而言，通婚用"获取对方颜色"的方式来表示，而且假定相邻的人才可以通婚。也就是说当随机一个主体获得了邻居的颜色，那么意思就是通婚。如果主体是 turtles，那么要求 turtles 获取邻居的颜色，并生产下一代。然后定义下一代 turtles 的颜色，并要求上一代 turtles 死亡。如果主体是 patches，那么直接改变自己的颜色与相邻 patches 的颜色一样。

第三步：死亡的程序表达。

如果主体是 turtles，那么 If …[die] 或者 ifelse[…][…] 或者 with[…][die]

如果主体是 patches，那么 set pcolor of one-of neighbors

或者以偷懒的方式表达。即，而且由于通婚生子后，小家庭共三人，并需要死两个人。所以，通婚后只有一个人活下来。因此，直接将一个主体获得邻居的颜色，并存活，代表通婚子代的生存。子代的颜色也因为编程人偷懒而被既定化。按道理而言，子代的颜色应当是新色彩。

为了简便，我们选择偷懒的方式表达死亡。

第四步：多少轮的程序表达。

reset-ticks 与 tick 可以表达多少轮。

三、编程实践

（一）第一种方式——海龟的程序

```
to setup
    clear-all
    create-turtles 3190[set color yellow set size 3 setxy random-xcor random-ycor]
    ask n-of 700 turtles with[xcor > 0 ][set color red]
    ask n-of 560 turtles with[xcor < 0 ][set color orange]
    ask n-of 400 turtles with[xcor > 0 and ycor > 0][set color brown]
    ask n-of 310 turtles with[xcor > 0 and ycor < 0][set color green]
    ask n-of 200 turtles with[xcor < 0 and ycor > 0][set color blue]
    ask n-of 100 turtles with[xcor < 0 and ycor < 0][set color violet]
    ask n-of 80 turtles with[ ycor < 0][set color magenta]
    ask n-of 50 turtles with[ ycor < 0][set color pink]
    ask n-of 40 turtles with[ ycor >= 0][set color gray]
reset-ticks
end
to go
    tick
    ask turtles [set color[color ]of one-of turtles]
end
```

结果分析：从图 26-27 中可以发现，在 2175 个时间单位后，黄色种族最终生存下来，而其他种族要么灭绝要么微乎其微，但是从图 27 中更可以看到当达到 2740 这个时间单位后，黄色种族人口变化趋缓。由于选择 turtles 做主体，于是可以设计不同种族的规模区别。在这次模型运行后发现，大规模的存活的几率远高于小规模的存活几率。（下图为模型的运行结果）

Ticks：2175

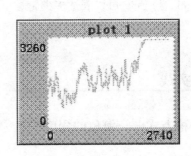

图 26　　　　　　　　　　　　图 27

（二）第二种方式——瓦片的程序

第一步：设 10 个颜色代表 10 个种族。

在"界面"——滑动条里设置"colors"变量的值（最大值 =10，现在取值 =10）

第二步：设计具体颜色。

```
to setup
    clear-all
    ask patches [set pcolor(random colors * 10) + 5]
                         ;; 颜色每 10 个单位换一种颜色，5 是最亮的颜色。
    reset-ticks          ;; 时间设置为 0
end
```

说明：当滑动条拖到 10，面板上会出现 10 种颜色，表示 10 个种族；如果滑动条拖到 3，面板上就会变为 3 种颜色，表示 3 个种族。所以滑动条可以随意设置。

第三步：通婚的设计

to go

ask patches [set pcolor[pcolor]of one-of neighbors]

　　　　　　　　　　;; 对主体集合，返回随机选择的一个主体。

说明：①要求瓦片颜色来自某一集合时，需要两个 pcolor，并将后一个 pcolor 放入 [ ] 中，相当于"特指"的意思，以强调这个 pcolor 的来源。"of"表示集合。这个集合是"one-of neighbors"邻居中的任意一个。②用了偷懒的死亡方式。

第四步：ticks 时间推动

第五步：总程序的步骤与内容

①增加按钮"setup"和"go"（将"go"按钮设置为"循环"）

②增加滑动条"colors"（colors 是一个字符，也可以换成别的比如"yanse"，相应地，在程序内容中将"colors"改为"yanse"）

③设置更新方式为按"每时间步更新"

（三）完整的程序 < 选择了瓦片程序 >

```
to setup
    clear-all
    ask patches [set pcolor(random colors * 10) + 5]
    reset-ticks
end
to go
    ask patches[set pcolor[pcolor] of one-of neighbors]
    tick
end
```

结果分析：（1）最后留下的种族是随机的。并不是恒定的，因为不存在规模差异。（2）种族的数目越多，竞争达到 1 个种族留下的时间越短。当只有 5 个种族竞争时，需要 14**-1910 的时间剩下 1 个种族，如果是 10 个种族，那么需要 1320 时间剩余 1 个种族。

四、扩展，可以通过曲线图来表示种族人口的竞争

步骤如下：

第一步：在"界面"增加按钮里面，增加"绘图"。

95

第二步：点击图的右键，进行画笔设置。

第三步：因为是对瓦片的颜色变化进行跟踪绘图，所以"画笔新指令"中先删除 default 命令，然后添加画笔，在画笔新指令中增加

plot count patches with[pcolor = 5]

plot count patches with[pcolor = 15]

plot count patches with[pcolor = 25]

plot count patches with[pcolor = 35]

plot count patches with[pcolor = 45]

第四步：返回界面，点击 setup ，循环运行 go。就会出现绘图走势。要注意的是，设置"每时间步伐更新"。

图 28

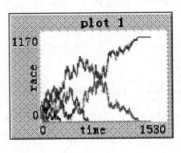

图 29

图 28-29 说明：10 个种族的情况下：1530 年后，蓝色种族偶然存活下来，其余皆消亡。

练习：

1. 输入文中例程，多次运行，查看存活的种族是否是恒定不变的？其他种族灭绝的时间是否是恒定不变的？

2. 诺斯曾认为"在资源有限的环境中，人口总量应当因此而缩减。但是不同族群的人口却存在人口竞争。因为人口规模大的种族容易将小规模的种族排斥在外，最终存活下来，而小规模种族走向灭亡。"对这个人口发展假设做一个模拟，验证一下。

第二章 "找蘑菇"的行为模拟与逻辑分析

一、世界现实描述

森林里随机分布蘑菇。两个人初次在森林里找蘑菇。

要求模拟森林里

——蘑菇的分布

——这两个人发现蘑菇时的行走路线

——这两个人未发现蘑菇时的行走路线

二、思路分析

（一）先判断主体用 turtles 还是 patches 更简单。案例中有两类主体，用哪个表示蘑菇？哪个表示发现蘑菇的人？

（二）估计会要用到坐标的随机分布、颜色分类或者主体分类、画笔痕迹。

（三）行走路线，用什么程序语言表达。

（四）模拟的反思（NetLogo 是模拟现实的软件，应将与现实世界的相似性作为选择程序语言的准则）

1.蘑菇群是静止的，发现蘑菇群的主体应当是运动的。能运动的只有 turtles。所为了简洁，蘑菇群适合用 patches 表示；发现蘑菇的主体，用 turtles 表示，因为可以运动。

2.森林里蘑菇的随机分布。

第一种：用全局设置 "colors=2"，并写出 ask patches [set pcolor (random colors)

* 10 + 5] 这个命令。于是可以看到红色和灰色的瓦片遍布整个世界。于是假设红色的是蘑菇，灰色的是森林。

第二种，森林里并非遍地全是蘑菇，而是东一块西一块地成堆生长。而且相对于森林中的其他植物而言，应当是少数。于是需要新命令完成这个模拟——n-of num turtles 和 in-radius num 的命令。

3. 这个例子中并不能预知蘑菇群的位置，因此发现蘑菇的方式可能是满森林里乱绕，才能发现某个蘑菇群，因此路线不可能是对不同蘑菇群间进行有序连线，也就是说，找蘑菇的人不可能是规则行走路线。估计用画笔留下的线条痕迹会让图画变得乌七八糟，也许可以不要留痕迹。如果一定要留下痕迹，那么可以用 pen-down 命令。放在 to go 命令筐内的 ask #[pen-down]

4. 找蘑菇的路线。首先需要知道找蘑菇的命令。然后再给出找蘑菇的方式，是 fd 还是 bk，还是 rt 还是 lt，或者还应有其他什么条件呢？

三、新命令解析

（一）n-of size agentset：对主体集合，从输入主体集合中随机选取（不重复）size 个主体组成一个主体集合，返回该主体集合。

ask n-of 80 patches[set pcolor red]，从所有的瓦片中随机选 80 个瓦片并将这 80 个瓦片设置为红色。命令格式：ask 后直接跟 n-of 数字 patches（turtles）

（二）in-radius num[ ]

in-radius num 瓦片（海龟）返回原主体集合中那些与调用者距离小于等于 number 的主体形成的集合。实际的意思就是返回小于等于与调用者（ask 后的主体）中心距离在 num 范围内的所有瓦片（海龟）的集合。格式如下：

1.ask # [ask # in-radius num [set……或者 fd……]]

2.ask # [ask n-of num # in-radius num [set……或者 fd……]]

（备注：中括号里的 # 可以与 ask 后的 # 一致，也可以不一致，但其特征必须与第二个括号内的特征一致）

例 1：

to setup

　　clear-all

crt 5

ask turtles [set size 3 setxy random–xcor random–ycor

set color green

ask patches in–radius 3[set pcolor red]] ;; 两个主体不一致，主体与特征一致

end

图示结果：每个 turtles 周围都要是红色的瓦片包围。

图 30

例 2:

to setup

　clear–all

　crt 70

　[set size 3 setxy random–xcor random–ycor set color white]

　ask n–of 5 turtles [ask n–of 1 turtles in–radius 6[set color green]

;; 主体一致，特征一致

]

end

图示结果：

图 31

备注：如果是前后主体都是 turtles 时，需要考虑到随机的某个 turtle 周围可能只有 1 个或数量极少的 turtles。所以，为了不让软件报错，那么尽可能创建更多的海龟，在更大的直径范围内，聚集更少的海龟。否则容易报错。例如将"ask n-of 5 turtles [ask n-of 1 turtles in-radius 6[set color green]"中的"n-of 1"修改"n-of 3"软件提示错误"只有 2 的主体的集合无法得到 3 个随机主体。"，意思是有的 turtle 调用主体在直径为 6 的范围内只有 2 个 turtles，因此找不到 3 个 turtles 凑成一堆。

（三）n-of num patches（turtles）以及 in-radius num[ ]

例如："ask n-of 5 patches[ask n-of 10 patches in-radius 5[set pcolor red]]"命令

n-of 5 patches　　　　　　　;; 在所有瓦片中随机取 5 个瓦片组成一个群。

in-radius 5　　　　　　　　;; 以调用主体为圆心，直径为 5 的范围。

因为是 ask n-of 5 patches[……in-radius 5]: 所以调用的主体就是"n-of 5 patches"这么来看，整句命令的含义是"在所有的瓦片里随机找 5 个瓦片组成一组。然后在这 5 个瓦片中，要求以每个瓦片为中心，直径为 5 个单位的范围中，随机凑 10 个瓦片，组成一组，并变成红色。也就是共建立 5 个群。言外之意，就是先建立 5 个为一组的蘑菇群，然后分别再以这 5 个蘑菇为中心，直径为 5 单位，扩大群规模，增加群的数量。而且如果将 in-radius 5（如图 33）改为 in-radius 3（如图 32）再 改为 in-radius 10（如图 34）就会发现新建立的群的集中度不一样。数字越小，越集中，群与群的区分越明显，反之则不然。如图 32-34：

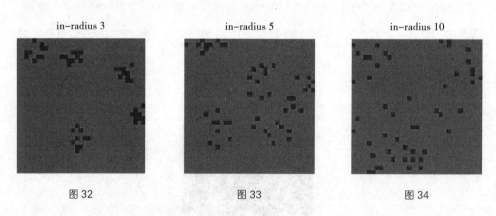

图 32　　　　　　　　　图 33　　　　　　　　　图 34

（四）search："找"的命令。格式一般在 to go 的命令筐内写出 ask # [search]。然后另一组程序 to search 命令框里要增加 search 的路径或方式。（路径和方式是个人依据喜好灵活设置的）

四、程序实践

第一种模式

turtles-own[memory]　　　　　;; 为设置 search 的方式打伏笔。设置一个变量为 memory，并在下文赋值。（或者不在程序中写出，直接在滑动条里定义并赋值）

to setup

　　clear-all

　　reset-ticks

　　ask patches [set pcolor(random colors) * 10 + 5]　　　　;; 程序假设初始颜色 =1

　　crt 2

　　ask turtles [set size 3 set color blue set memory 21]　;; 这个命令 可以缺省给 memory 赋值为 21。（可改变值）

end

to go

　　ask turtles [search pendown]　　　;; 寻找蘑菇的命令和画笔命令。（画笔命令可以不要）

　　wait 0.05　　　　　　　　　　　　;; 若不加这个减速命令，图片瞬间会从一片红变成一片黄。

　　tick

end

to search

　　ifelse memory < 20　　　　　　　;; 赋值的使用

　　[rt (random 270) – 90]　　　　　;; 随机右转（270–90）=160 度（可随意变）

　　[lt(random 21) – 10]　　　　　　;; 否则随机左转 11 度。（可随意变）

　　fd 1　　　　　　　　　　　　　　;; 然后再右转基础上前进 1 个单位（可随意变）

　　ifelse pcolor = red　　　　　　;; red 也可以变成 gray。

　　[set memory 0 set pcolor yellow]　;; memory 初始值设为 0，而且如果 pcolor

是红色，就变成黄色。

[set memory memory + 1] 　　　　;; 如果 pcolor 不是红色，那就让 memory 以步长为 1，进行递增。（于是又会循环第一个 ifelse）

end

结果图展示（图 36-39）：

发现前蘑菇的分布	发现蘑菇分布后	画笔命令下，蓝色线代表寻找过程中的痕迹	画笔命令下，寻找完毕的痕迹线覆盖所有
图 35	图 36	图 37	图 38

第二种模式：希望图片更漂亮，更符合实际。（因为蘑菇在森林里是一小堆一小堆地分散分布）

假设森林中的地表是绿色，蘑菇用红色表示。

1. 蘑菇分布编程

```
to setup
    clear-all
    ask patches[set pcolor green]
```

ask n-of 5 patches [ask 10 patches in-radius 3 [set pcolor red]]

;; 随机找五 5 瓦片做蘑菇，再分别以 5 个蘑菇各为中心，3 为直径，各吸纳 10 个瓦片，分别组成 5 个蘑菇堆。并变成红色。

```
    crt 2
    [set size 3 set color blue set memory 21]
end
```

2. 行走路线设计

```
to go
    ask turtles [search pen-down ]    ;; search 命令 与 画笔命令
    wait 0.01                          ;; 放慢 turtles 运动的速度。数值越大，
```

速度越慢。

```
    tick
end
to search
  ifelse memory < 20
  [right (random 270) – 90]
  [right(random 21) – 10]
  fd 1
  ifelse pcolor = red
  [set memory 0        set pcolor yellow]
  [set memory memory + 1]
end
```

3.蘑菇分布与行走路线结合，并完善两部分逻辑。

```
turtles–own[memory]                        ;; 海龟有 memory 这个属性
to setup
  clear–all
  reset–ticks
  ask patches [set pcolor green]
  ask n–of 5 patches[ask n–of 10 patches in–radius 5[set pcolor red]]
  crt 2
  [set size 3 set color blue set memory 21]
end


to go
  ask turtles [search pen–down ]            ;; search 命令与画笔命令可有可无
  wait 0.01                                 ;; 放慢 turtles 运动的速度。数值越
                                            大，速度越慢。

  tick
end


to search
```

103

```
ifelse memory < 20
[right (random 270) – 90]
[right(random 21) – 10]
fd 1
ifelse pcolor = red
[set memory 0        set pcolor yellow]
[set memory memory + 1]
end
```

图示结果：——无 pen-down 命令的图示

摘蘑菇前的随机分布

行走路线后的
发现所有蘑菇图像

图 39

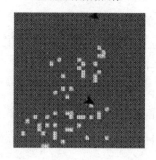

图 40

图示结果：——有 pen-down 命令的图示

蘑菇分布图

寻找中的路线图

全部找到后的路线图

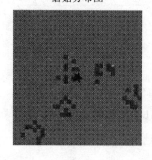

图 41

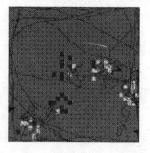

图 42

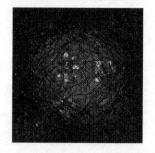

图 43

练习：

可以自行模拟一个小游戏。

第三章　人口规模变化的模拟与逻辑分析

一、世界描述

某群体的男人和女人随机分布，数量可调节。

男人的平均寿命是 70 岁，女人的平均寿命是 80 岁，超过这个寿命极限就死亡。

生育率决定育龄女性生育后代的个数，现在的生育率是 2。（生育率：女性一生生多少个孩子。例如总和生育率是 2 时，那么女性一生最多生 2 个孩子）女性生育年龄大致在 21–50 岁之间，实际只有 2 次生育机会生育，后代的性别选择是随机的，没有偏好。

模拟随着时间推移，此群体的人口变化情况。

此群体的生育率严格遵循了人口政策，一生中最多生 2 个孩子。

二、思路

（一）思考题目中的要素及可能的命令

1. 男人，女人用 turtles 代替还是用 patches 代替呢？因为题中要求调节数量，会用到全局变量，因此用 turtles 更合适。

2. 用什么来表示寿命值呢？由于寿命是从 0–80，属于调节范围，并且属于主体的属性，也会用到全局变量。由于有死亡要求，因此会用到条件命令。

3. 生育率和实际生育机会。因为有人口政策的限制，实际生育机会则可以看作是个人的生育机会预期，实际生育机会应当小于等于生育率。这样在编程时，生育机会和生育率应当比较来决定生孩子的数量。如果当实际生育机会等于生育率时，那么就会生 2 个孩子。如果实际生育机会 =0 时，就不生孩子；如果实际生育率小于生育率时，那么就只生 1 个孩子。

4. 生育年龄要求编程时使用条件命令。意味着不是生育年龄的女性应当等待年龄增长死亡。

5. 后代性别比均衡，说明子代要分性别，而且性别应当是随机产生。

6. 这个题目中有很多的自定义变量：男人、女人、男人初始数量、女人初始数量、寿命、生育率、生育机会、生育年龄、男新生儿、女新生儿。

7. 动词：年龄增长、死亡、生育、时间推移。

（二）按照命令基础结构进行思考

全局命令有哪些要素，需要哪些命令。

to setup 结构中，需要进行哪些背景设置。

to go 结构中，需要进行哪些动作设置。

（三）按照（一）思考，填充（二）提及的命令结构

1. 全局设置——用滑动条设置

初始男人人数（initial-num-of-men）与初始女人的人数（initial-num-of-women）。分别假设为 1150 人和 1000 人。

2. 男人寿命 (max-age-of-men) 女人寿命 (max-age-of-women) 分别为 70 和 80

3. 生育率（birth-rate）最大值为 2

4. 生育（get-birth）

5. 实际生育机会（chance-of-birth）

6. 生男孩 (birth-male) 生女孩（birth-female）

三、新命令的介绍

1. random num：如果 number 为正，返回大于等于 0、小于 number 的一个随机

整数。

如果 number 为负，返回小于等于 0、大于 number 的一个随机整数。

如果 number 为 0，返回 0。

例如：ask women [set num-of-birth random 2] 意思是给"生孩子的数量"这个变量在 0、1 间随机赋值。

2. set-default-shape #：将新建的主体设置为软件默认的图形。例如：

set-default-shape turtles "person"

set-default-shape breed "arrow"

对所有海龟或特定种类的海龟设定默认初始图形。当海龟创建或改变种类时，海龟被设置为给定图形。该命令不会影响已存在的海龟，只对以后创建的海龟有影响。这一点区别与 ask turtles[set shape "person"] 命令。ask turtles [set shape…]要求所有的海龟变成命令中的形状，包括已经建立的和将要建立的。而 set-default-shape……只要求新建的海龟是设置中的形状，已有的海龟保持另外一种形状。这里需要注意的是指定的种类必须是海龟或是由 breed 关键字定义的种类，指定的字符串必须是当前定义的图形的名字。注意指定默认图形，不会妨碍我们以后改变单个海龟的图形，海龟不必一直使用所属种类的默认图形。

四、编程实践

设置世界的平面图像，而非立体图像。（界面框里，设置选项，取消两个复选框）

添加 setup 按钮和 go 按钮（循环）；按每时间步更新

添加滑动条 max-age-of-women　　　最大值 80　　　　当前值 80

　　　　　　 max-age-of-men　　　　最大值 70　　　　当前值 70

　　　　　　 initial-num-of-men　　　最大值 1150　　　当前值 1150

　　　　　　 initial-num-of-men　　　最大值 1000　　　当前值 1000

　　　　　　 random-birth　　　　　最大值 1　　　　最小值 0 当前值 1

　　　　　　 birth-rate　　　　　　最大值 2　　　　最小值 0 当前值 2

备注：可以先写完例程后再添加滑动条。

添加"绘图"：给 xy 轴输入 time population 题标

default 栏：plot count turtles——男人与女人的人口总和

pen-1 栏：plot count men（点击左侧颜色选择）

pen-2 栏：plot count women（或者 plot count women with [color = 15] 须注意 "=" 前后的空格，否则不能做图）

第一种做法：

breed [women woman]	;; 改名字，不是定义变量。
breed[men man]	
women-own[age]	;; 定义特征变量
men-own[age]	

```
to setup
  clear-all
  ask patches[set pcolor white]        ;; 设定世界是白色的（便于观察）
  reset-ticks
  birth-women                          ;; 提出新变量的名字，但不是定义新变量
  birth-men                            ;; 提出新变量的名字，但不是定义新变量
end
```

to birth-women   ;; 给 "birth-women" 出一个新例程，用来定义新变量。包括

 set-default-shape women "person" ;; 给 women 设置软件默认形状 "人" 形（观察者读取）此条命令与 ask women[set shape "person"] 是一样的效果。

 create-women initial-num-of-women[;; 建立 women 初始值（等同上篇例程中的 "number"）

  set color red   ;; 设置红色

  setxy random-xcor random-ycor ;; 随机分布

  set age random 80]   ;; 年龄在 0-79 的这 80 个整数里随机分布

end

to birth-men   ;; 给 "birth-men" 做定义，这个变量由形状、数量、颜色、分布、年龄要素共同构成。

```
set-default-shape men "person"
create-men initial-num-of-men[
    set color blue
    setxy random-xcor random-ycor        set age random 70 ]
end


to go
  tick
  if not any? turtles[stop]                 ;; 是空集吗（主体全部消失了吗）?
                                            ;; 是的话，程序停止访问主体。

  ask turtles[                              ;; 不是空集的话，执行以下命令
    rt random 50    lt random 50    forward 1 ]


  ask men [set age age + 1                  ;; 让 men 年龄每次变化一个单位
    if age > max-age-of-men [die]
      ]
  ask women[set age age + 1
    if age < 51 and age >= 21 [get-birth]   ;; 提出了新变量名称 get-birth，
                                            ;; 需要定义。

    if age > max-age-of-women [die]
      ]
end


to get-birth
  set random-birth random 2                 ;; "2" 没有任何数学意义，表示
                                            ;; 只有两种选择，第一种选择编
                                            ;; 号为 0，第二种选择编号为 1。

  ifelse random-birth = 0                   ;; 如果生育率被赋值为 "0"
  [birth-once]                              ;; 表示第一次生育（新变量，下
                                            ;; 文定义）

  [birth-twice]                             ;; 若编号为 2，表示第二次生育
```

（新变量，下文定义）

end

to birth—once   ;; 用例程定义

if random 30 = 1   ;; 在 30 年生育机会中，若被抽中
的被赋值的年份为 1，

  [hatch—men 1[set color green set size 3 set age 0]]

;; 那么生 1 个男孩，并设置初始
年龄为 0 岁。

end

to birth—twice

  if random 30 = 2   ;; 在 30 年生育机会中，若被抽中
的被赋值的年份为 2，

   [hatch—women 1[set color magenta set size 3 set age 0]]

end

点击 setup 钮（图 44—45）

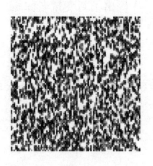

图 44

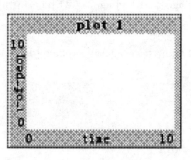

图 45

点击 go 按钮后 ticks：65（65 年中的人口变化趋势）

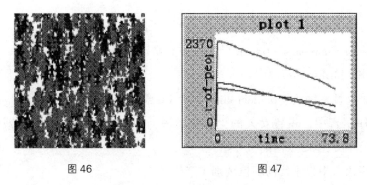

图 46　　　　　　　　　　　　　图 47

第二次点击 go 按钮后 ticks：364（在 364 年后人口灭绝）

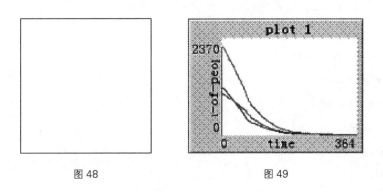

图 48　　　　　　　　　　　　　图 49

可能出现的疑问：

1.to birth-male（to birth-female）命令筐中的 random 30 < num 中，" 30 "这个数值是怎么来的？如果将之改为 random 2（总和生育率 birth-rate（生育率的值为 2）可不可以？改成别的数字可以吗？二者是什么关系？

2. 那么为什么 to birth-male（to birth-female）命令筐中的 random 30 = 1（=2）而不是其他的表达方式（例如 random 11 <= 2）？

疑问解析：

先阅读和思考以下的一个人口模型：

全局变量值的设定：（定义全局变量——只要程序界面不再提醒"未定义"即可）

男人初始人口（initial-num-of-men）为 1，滑动条设置。程序语言中用蓝色表示。

女人初始人口（initial-num-of-women）为 1，滑动条设置。程序语言中用红色表示。

女人寿命（max-age-of-women）为 32 岁，滑动条设置。

男人寿命（max-age-of-men）为 32 岁，滑动条设置。

生育率（birth-rate）为 2

出生婴儿性别随机（random-birth）为（0 或 1）

在程序语言中，设置女人的生育年龄段为 21-32 岁。女人的年龄从 20 岁开始。男人的年龄在 32 岁内随机开始。

在程序语言中，子代的颜色区别于亲代。

第一次生育：女孩用紫色表示，男孩用绿色表示。

第二次生育：女孩用黄色表示，男孩用黑色表示。


```
breed [women woman]
breed[men man]
women-own[age]
men-own[age]
to setup
  clear-all
  ask patches[set pcolor white]
  reset-ticks
  birth-women
  birth-men
end
to birth-women
  set-default-shape women "person"
  create-women initial-num-of-women[
    set color red                        ;; 红色表示女性亲代
    setxy random-xcor random-ycor
    set age 20 ]                         ;; 女人的年龄从 20 岁开始
end
```

```
to birth-men
   set-default-shape men "person"
   create-men initial-num-of-men[
      set color blue                              ;; 蓝色表示男性亲代
      setxy random-xcor random-ycor
      set age random 32 ]                         ;; 男人的年龄在寿命范围内初始值
                                                  随机出现
end


to go
   tick
   if not any? turtles[stop]
   ask turtles[
      rt random 50 lt random 50
      forward 1 ]
   ask men [
      if age > max-age-of-men [die]
      set age age + 1]
      ask women[if age > max-age-of-women [die]
      if age < 32 and age >= 21 [get-birth]       ;; 女性生育年龄范围
      set age age + 1]
end


to get-birth
   set random-birth random 2
   ifelse random-birth  = 0
   [birth-male]
   [birth-female]
end
```

```
to birth-male
    if random 11 < 1[
```
随机检查 11 次生育机会中小于 1 的整数（0），若有生一男婴。生育阶段的女性每次抽中 0 的几率是 1/11（因为 0-11 的 12 个数字里，只有"0"小于 1），11 次抽取机会下，生育机会总共 1 次。也可以替换为"= 10 以内的整数"例如"= 4"。

```
        hatch-men 1[set color black
```
子代男孩用黑色表示，区分亲代男性蓝色。

```
        set size 3
        setxy random-xcor random-ycor
        set age 0]]
end


to birth-female
    if random 11 < 1[
```
;; birth-female，与 birth-male 加起来就是 2 次实际的生育机会。符合总和生育率和生育政策的要求。"<1"也可以替换为"= 10 以内的整数"例如"= 8"

```
        hatch-women 1[set color magenta
```
;; 子代女孩用黑色表示，区分亲代女性红色。

```
        set size 3
        setxy random-xcor random-ycor
        set age 0]]
end
```

回答并解析上文的问题：

1.to birth-male（to birth-female）命令筐中的 random 11 < num 中，random 11 中的 11 这个数值是怎么来的？如果将之改为 random 2（总和生育率 birth-rate（生育率的值为 2）可不可以？改成别的数字可以吗？二者是什么关系？

将 random 11 改为 random 2　世界设置为 2 维。然后取消 go 按钮的循环，开始观察。

运行结果：

go 第 1 次：由红色 person 增加紫色 person

go 第 2 次：红色不生育

go 第 3 次：红色不生育

go 第 4 次：由红色 person 增加紫色 person

go 第 5 次：由红色 person 增加紫色 person

go 第 6 次：由红色 person 增加绿色 person

go 第 7 次：红色不生育

go 第 8 次：红色不生育

go 第 9 次：由红色 person 增加紫色 person

go 第 10 次：红色不生育

go 第 11 次：由红色 person 增加黑色 person

go 第 12 次：红色不生育

go 第 13 次：红色死亡

go 第 14-23 次：子代未有生育

go 第 24 次：第一次增加紫色 person 生育绿色 person

go 第 25 次：第一次增加紫色 person 生育绿色 person

go 第 26 次：第一次增加紫色 person 生育绿色 person

go 第 27 次：第一次增加紫色 person（或第三次增加的紫色 person）生育黄色 person

go 第 28 次：第一次增加紫色 person（或第三次增加的紫色 person）生育绿色 person

go 第 29 次：第一次增加紫色 person（或第三次增加的紫色 person）生育紫色 person

（蓝色主体死亡（蓝色年龄是 32 以内的随机一个数，所以初始年龄被随机选择为 3 岁）。

在这个运行中，可以观察到一个女人在第几个时间点生孩子，可以看到出生孩子的性别。也可以看到一个女人一生可以生育的次数，总共生育的孩子数量。同时还可以观察到亲代的死亡时间和子代的再次生育的时间。通过观察验证过程：

发现 1：即便"random 11"改为"random 2"，软件仍默认女性有 11 次生育机会。在运行结果图中看到，一个女性在 11 次的生育机会中，可以生 6 个以上的孩子。这个结果显然不符合"最多生两次，最多生两个孩子"的要求。

发现 2：当在设置生育年龄范围（21-32）时，软件已经计算了女性应当生育机会总数（31-21+1=11）次，于是软件系统会对每一个 women 造访 11 次，并每次给出造访的结果，即是否生或者生了什么性别的孩子。

发现 3："random 11"是育龄阶段的自然状态下的生育机会的总次数。也就是说如果无外来干预，女人最多可以生 12 个娃。但是生育政策或者生育率要求每个女性一生中最多只能生 2 个娃，当然可以不生或只生 1 个娃。这么来看，自然状态下的 random 11 必须被限制在总数为 2 的范围内。

所以，random 11 中的数值不可以随意改变为别的数字。它受到生育率的约束，必须在生育率的范围内取值。如何取值，就是问题 2 及解答。（**至此，应当可以理解为什么人口模拟程序总 random 30 而不是其他的数字了**）

2. 那么为什么 to birth-male（to birth-female）命令筐中的 random 11 < 1 而不是 random 11 <= 2？

（1）两个命令筐中的 1 是怎么来的。

to birth-male 和 to birth-female 两个例程的意思是启动生育男娃和启动生育女娃程序。因为我们要保证最终的生育总数是 2，所以 to birth-male 和 to birth-female 中生出的男娃和女娃总数之和应当等于 2。（如何保证两个部分的新生儿数量和为 2 呢？）

其次，先了解 random 11 < 1 这个命令的实质。这个命令如果补充完整应当是 ask women[if random 11 < 1[…]]。也就是说，当软件测算出每个女性有 11 次生育机会时，它就会对每个育龄女性按照 age+1 的步长进行访问，也就是要访问 11 次。每一次给出生育的结果。如果 random 11 <= 2，意思就是让软件检测 0-11 的数中是否有小于或等于 2 的数字，如果有数字符合这个特性，就生一个孩子（很显然共有 0、1、2 三个数字小于等于 2 满足条件）。那么对于每个育龄女性而言，平均每年生育的概率是 3/12，11 年（软件对这位女性要访问 11 次）就会生出 3 个娃。这只是 to birth-male 命令筐的部分，再加上 to birth-female 部分。那么一个育龄女性在 12 年内就会被软件生出 6 个孩子。

所以设置两个命令筐中的 random 11 < 1（意思是 random 12 只能每次取赋值为

0 的），或者将 random 11 = 具体的数值（小于 11）都可以确保 11 次访问后，每个部分生育总数为 1，两部分生育总数为 2。符合总和生育率或者生育政策。

　　总之，由于女人从 21 岁 –31 岁都能生育，软件默认有 31–21+1=11 次生育机会。由于受到总和生育率的控制，一个女人即便有机会生 11 个孩子，但实际上生育机会只有 2 次，每个女人只能生 2 个。无论是生育男孩还是生育女孩，这两个选择都在实际的两次的生育机会中。因此

```
to birth-male
random 11 < 1          ;; 如果将上下命令"1"都换成 2，那么一个女人
                          一生将会生 4 个孩子

to birth-femal
random 11 < 1          ;; 与上条命令中的"1"之和等于总和生育率 2。
```

（至此，应当可以理解为什么人口模拟程序总 random 30 = 1（或者 2，或者是 3 等），其实这种表达与 < 1 是一样的道理）

第二种做法：（其他部分不变，只从改动 to get-birth 以下 例程）
......

```
to get-birth
   set random-birth random 2
   ifelse random-birth = 0
   [birth-male]          ;; 提出新变量名称，下文必须定义。
   [birth-female]        ;; 提出新变量名称，下文必须定义。
end


to birth-male            ;; 定义 birth-male 的内容。
   ifelse random 30 = 1[
   hatch-men 1[          ;; 生 1 个男孩   这两部分的孩子数量总和
                            为 2，因为总和生育率是 2。不用担心如
                            何才可以达到 2 个男孩或者 2 个女孩的情
                            况因为"预设"中已假设新生儿性别比相
                            等，意味着出生一个男婴就会配对出生一
                            个女婴。
```

```
      set color black
setxy random-xcor random-ycor
   set age 0]]
[hatch-men 0]                          ;; 生 0 个男孩
end
   to birth-female                     ;; 定义 birth-female 的内容。
     ifelse random 30 = 1[ hatch-women 1[
                                       ;; 生 1 个女孩
   set color red
     setxy random-xcor random-ycor set age 0]]
   [hatch-women 0]                     ;; 生 0 个女孩
end
```

图示结果：

Setup（初始人口规模）

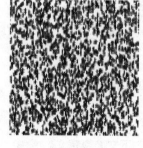

图 50

ticks：67（67 年来 人口、性别趋势）

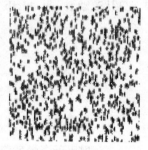

图 51

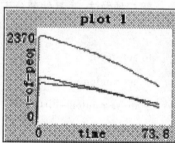

图 52

ticks：349（第 349 年时人口灭绝）

图 53

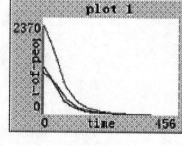

图 54

118

第三种做法 :（其他部分不变，只从改动 to get-birth 以下 例程）

```
to get-birth
    set random-birth random 2
    ifelse random-birth = 0
    [birth-male]
    [birth-female]
end


to birth-male
    if random 30 < 1[
        hatch-men 1[
            set color blue
            setxy random-xcor random-ycor
            set age 0
            rt random 360]]
end


to birth-female
    if random 30 < 1[
        hatch-women 1[
            set color red
            setxy random-xcor random-ycor
            set age 0
            rt random 360]]
end
```

图示结果 :

第一次运行

setup 按钮

1. Ticks : 0

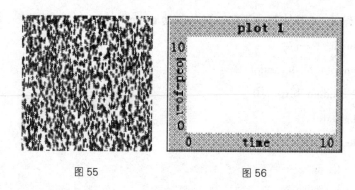

图 55　　　　　　　　　　　　图 56

2. 50 年时人口总数下降，人口密度降低，女多于男变为男女性别比相等。（时间看图中的 ticks，而非 x 轴）

ticks: 50　　　　　　　　　（再次点击 go 按钮，暂停）

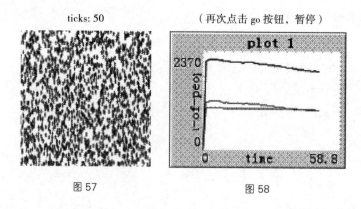

图 57　　　　　　　　　　　　图 58

3. 104 年间的人口密度和总量明显比初始时刻少很多。并呈下降趋势。（密度明显降低，人口总量下降。从 50 年后开始男多女少的性别比）

ticks: 104

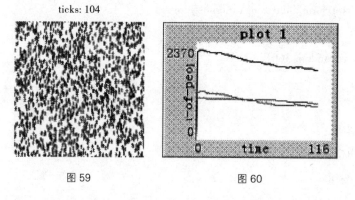

图 59　　　　　　　　　　　　图 60

（备注：第二个世纪没有明显的变化，仍是男多女少，总体人口下降趋势）

4. 350 年，男女比再次成为 1:1. 但总人口数量仍为下降趋势。

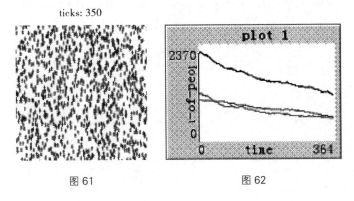

图 61　　　　　　　　　　图 62

5. 450 年之后，男女平衡被打破，出现男多女少。

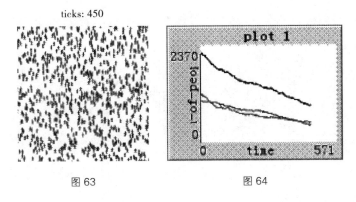

图 63　　　　　　　　　　图 64

6. 600 年到 765 年间人口总量有所回升，达到一个小高峰

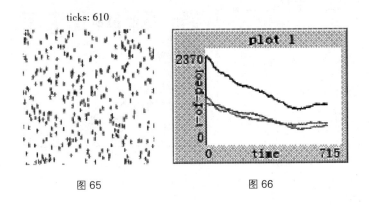

图 65　　　　　　　　　　图 66

ticks: 765

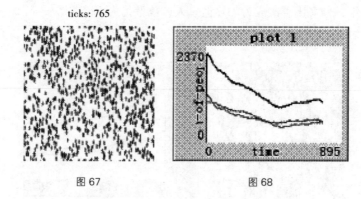

图 67   图 68

7. 到了 989 年，男多女少的性别比被再次拉平，一直到人口灭绝。人口下降趋势更明显。

ticks: 1097

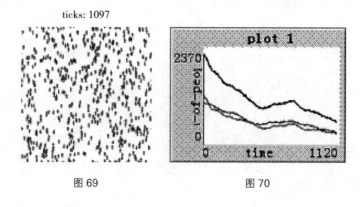

图 69   图 70

8. 3371 年人口灭绝。

ticks : 3371

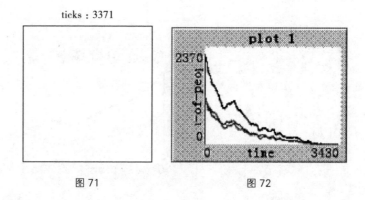

图 71   图 72

第二次运行

1. 404 年总人口趋势图（104 年的时候，人口小低谷，主要是女性人口骤减所致。260年的时刻，人口达到小高峰，男女人口都有增长，260年的下一年开始，人口开始骤降。)

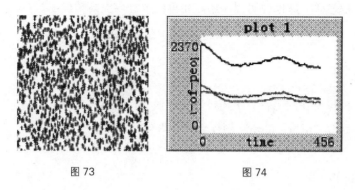

图 73　　　　　　　　　　　　图 74

2. 在640–650年间，男女比例又回到1:1。从此开始人口总量下降。

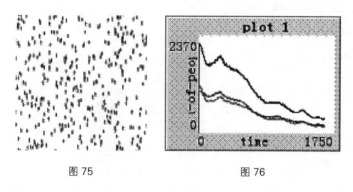

图 75　　　　　　　　　　　　图 76

3. 5100年时，人口灭绝。界面呈现全白色。

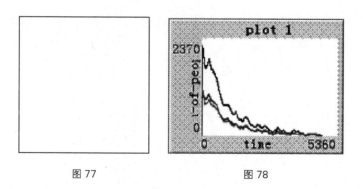

图 77　　　　　　　　　　　　图 78

第三次运行 3708 年灭绝

第四次运行 6009 年灭绝

结论：每次的结果是随机的。每次运行的时间段即便相同，整体趋势相近，但是结果不同。由此看来这种模拟只能预计总体趋势，而不能准确预测某个时间的状态一定是怎样。这也说明程序还需要再改进，以提高精确度。

思考：

如果想模拟现在的生育意愿随机性。应该如何模拟呢？

这样的修改"to get-birth"例程部分会得到什么效果？为什么？

例如：

```
to get-birth
  set random-birth random 3
  ifelse random-birth = 0
    [birth-male]
    [birth-female]
end
```

附录 1　NetLogo 错误命令提示的说明
（阴影部分表示软件中自动标注）

1. SET expeced 2 inputs。"set"命令被软件视作输入了 2 次。所以错误。

```
turtles-own[ age ]

to setup

clear-all

create-turtles 5

ask turtles [

set color red

set shape "person"

set heading 90

set random-age 10

setxy xcor random-xcor

]

ask turtles with[ age > 5] [ set fd 20]          修改：删除"set"即可

end
```

2. "There is already a primitive with that name" 软件中已经有了这个变量名称。不必再将 create-turtles 通过全局变量进行设置。

```
globals[create-turtles]          修改："删除此命令"

to setup

clear-all

create-turtles 5
```

```
ask turtles [

set color red

setxy xcor random-xcor]

end
```

3. "expected command" 错误的命令（未知的命令）

```
ask turtles [set size 8

    set color red

    setxy random-xcor random-ycor ]          删除右中括号 "]"
  show sum [count turtles-here] of neighbors
  show count turtles-on neighbors
  ask neighbors4 [ set pcolor red ]          增加一个右侧 "]" 改为 "]]"
```

原因：两个 show 命令 和最后的 ask 命令都是在第一个 ask turtles[ ] 里面的命令。

4. "you can't use neighbors in an observer context, because neighbors is turtle/patch-only."

意思是，不能以观察者的身份去使用 "neighbors" 这个命令，只能让海龟或者瓦片使用这个命令。"neighbors" 可以随意用于瓦片，但是要用于海龟，会被很多情况限制。

5. "Nothing named BIRTH-WOMEN has been defined。" 这个变量未被定义（软件不识别），意味着例程中没有 to birth-women 这个例程。修改建议：需要建立 to birth-women 例程。

6.Nothing named INNITIAL-NUM-WOMEN has been defined。"INNITIAL-NUM-WOMEN" 这个变量未被定义。

```
to birth-women
    set-default-shape women "person"
    create-women initial-num-of-women [          修改建议：在滑动条里设
                                                 置此变量即可
```

7. "Nothing named SET-DEFAULT-SHAP has been defined。"

```
to birth-women
    set-default-shap women "person"-          修改建议："shap" 拼写错
                                              误——改为 shape
```

8. "This doesn't make sense here." - 如果上一个命令段后，忘记了 "end"。

下一段的"to go"命令中的"to"就会被标记，并被如此提示。

```
to birth-men
    set-default-shape men "person"
    create-men initial-num-of-men[
        set color blue
        setxy random-xcor random-ycor
        set age random 70
```

to go　　　　　　　　　　　　　修改建议：在此例程代码前增加"end"

9.No closing bracket for this open bracket. 缺少了表示命令结束的中括号。

例如：

```
to birth-men
    set-default-shape men "person"
    create-men initial-num-of-men[    修改：在"70"后补上 "]"
......
end
```

10.There is already a global variable called AGE——"滑动条"已经设置了 age 变量。

```
turtles-own [age]                 修改：删除"turtles-own[age]"这条命令
to setup
    clear-all
    crt 10[set size 3
    set color 15
    setxy random-xcor random-ycor
    set age random 10]
    reset-ticks
end
```

附录 2　NetLogo 原语词典

字母顺序：A B C D E F G H I J L M N O P R S T U V W X Y ?

分类序：Turtle–Patch–Agentset–Color–Task–Control/Logic–World–Perspective
Input/Output–File–List–String–Math–Plotting–Links–Movie–System–HubNet

特殊序：Variables–Keywords–Constants

分类（Categories）

下面是近似分组。记住海龟相关的原语也可能被瓦片或观察者使用，反之亦然。要知道哪类主体（海龟、瓦片、链，观察者）实际使用哪个原语，请查找词典中的相应词条。

海龟相关（Turtle–related）

back (bk) <breeds>–at <breeds>–here <breeds>–on can–move? clear–turtles (ct) create–<breeds> create–ordered–<breeds> create–ordered–turtles (cro) create–turtles (crt) diedistance distancexy downhill downhill4 dx dy face facexy forward (fd) hatch hatch–<breeds> hide–turtle (ht) home inspect is–<breed>? is–turtle? jump layout–circle left (lt) move–tomyself nobody no–turtles of other patch–ahead patch–at patch–at–heading–and–distance patch–here patch–left–and–ahead patch–right–and–ahead pen–down (pd) pen–erase (pe)pen–up (pu) random–xcor random–ycor right (rt) self set–default–shape __set–line–thickness setxy shapes show–turtle (st) sprout sprout–<breeds> stamp stamp–erase subject subtract–headings tie towards towardsxy turtle turtle–set turtles turtles–at turtles–here turtles–on turtles–own untie uphill uphill4

瓦片相关（**Patch-related**）

clear-patches (cp) diffuse diffuse4 distance distancexy import-pcolors import-pcolors-rgb inspect is-patch? myself neighbors neighbors4 nobody no-patches of other patch patch-at patch-ahead patch-at-heading-and-distance patch-here patch-left-and-ahead patch-right-and-ahead patch-set patches patches-own random-pxcor random-pycor selfsprout sprout-<breeds> subject turtles-here

主体集合（**Agentset**）

all? any? ask ask-concurrent at-points <breeds>-at <breeds>-here <breeds>-on count in-cone in-radius is-agent? is-agentset? is-patch-set? is-turtle-set? link-heading link-length link-set link-shapes max-n-of max-one-of member? min-n-of min-one-of n-of neighbors neighbors4 no-patches no-turtles of one-of other patch-set patches sort sort-bysort-on turtle-set turtles with with-max with-min turtles-at turtles-here turtles-on

颜色（**Color**）

approximate-hsb approximate-rgb base-colors color extract-hsb extract-rgb hsb import-pcolors import-pcolors-rgb pcolor rgb scale-color shade-of? wrap-color

控制流和逻辑（**Control flow and logic**）

and ask ask-concurrent carefully end error error-message every if ifelse ifelse-value let loop not or repeat report run runresult ; (semicolon) set stop startup to to-report wait whilewith-local-randomness without-interruption xor

任务（**Task**）

filter foreach is-command-task? is-reporter-task? map n-values reduce run runresult sort-by task

世界（**World**）

clear-all (ca) clear-drawing (cd) clear-patches (cp) clear-ticks clear-turtles (ct) display import-drawing import-pcolors import-pcolors-rgb no-display max-pxcor max-pycor min-pxcor min-pycor patch-size reset-ticks resize-world set-patch-size tick tick-advance ticks world-width world-height

视角（Perspective）

follow follow-me reset-perspective (rp) ride ride-me subject watch watch-me

HubNet

hubnet-broadcast hubnet-broadcast-clear-output hubnet-broadcast-message hubnet-clear-override hubnet-clear-overrides hubnet-clients-list hubnet-enter-message? hubnet-exit-message? hubnet-kick-all-clients hubnet-kick-client hubnet-fetch-message hubnet-message hubnet-message-source hubnet-message-tag hubnet-message-waiting?hubnet-reset hubnet-reset-perspective hubnet-send hubnet-send-clear-output hubnet-send-follow hubnet-send-message hubnet-send-override hubnet-send-watch hubnet-set-client-interface

输入 / 输出（Input/output）

beep clear-output date-and-time export-view export-interface export-output export-plot export-all-plots export-world import-drawing import-pcolors import-pcolors-rgb import-world mouse-down? mouse-inside? mouse-xcor mouse-ycor output-print output-show output-type output-write print read-from-string reset-timer set-current-directory show timertype user-directory user-file user-new-file user-input user-message user-one-of user-yes-or-no? write

文件（File）

file-at-end? file-close file-close-all file-delete file-exists? file-flush file-open file-print file-read file-read-characters file-read-line file-show file-type file-write user-directory user-fileuser-new-file

列表（List）

but-first but-last empty? filter first foreach fput histogram is-list? item last length list lput map member? modes n-of n-values of position one-of reduce remove remove-duplicates remove-item replace-item reverse sentence shuffle sort sort-by sort-on sublist

字符串（String）

Operators (<, >, =, !=, <=, >=) but-first but-last empty? first is-string? item last length member? position remove remove-item read-from-string replace-item reverse substringword

数学（Mathematical）

Arithmetic Operators (+, *, -, /, ^, <, >, =, !=, <=, >=) abs acos asin atan ceiling cos e exp floor int is-number? ln log max mean median min mod modes new-seed pi precisionrandom random-exponential random-float random-gamma random-normal random-poisson random-seed remainder round sin sqrt standard-deviation subtract-headings sumtan variance

绘图（Plotting）

autoplot? auto-plot-off auto-plot-on clear-all-plots clear-plot create-temporary-plot-pen export-plot export-all-plots histogram plot plot-name plot-pen-exists? plot-pen-down plot-pen-reset plot-pen-up plot-x-max plot-x-min plot-y-max plot-y-min plotxy set-current-plot set-current-plot-pen set-histogram-num-bars set-plot-pen-color set-plot-pen-interval set-plot-pen-mode set-plot-x-range set-plot-y-range setup-plots update-plots

链（Links）

both-ends clear-links create-<breed>-from create-<breeds>-from create-<breed>-to create-<breeds>-to create-<breed>-with create-<breeds>-with create-link-from create-links-from create-link-to create-links-to create-link-with create-links-with die hide-link in-<breed>-neighbor? in-<breed>-neighbors in-<breed>-from in-link-neighbor? in-link-neighbors in-link-from is-directed-link? is-link? is-link-set? is-undirected-link? layout-radial layout-spring layout-tutte <breed>-neighbor? <breed>-neighbors <breed>-with link-heading link-length link-neighbor?

link links links-own <link-breeds>-own link-neighbors link-with my-<breeds> my-in-<breeds> my-in-links my-links my-out-<breeds> my-out-linksno-links other-end out-<breed>-neighbor? out-<breed>-neighbors out-<breed>-to out-link-neighbor? out-link-neighbors out-link-to show-link tie untie

电影（Movie）

movie-cancel movie-close movie-grab-view movie-grab-interface movie-set-frame-rate movie-start movie-status

行为空间（BehaviorSpace）

behaviorspace-run-number

系统（System）

NetLogo-applet? NetLogo-version

内建变量（Built-In Variables）

海龟（Turtles）

breed color heading hidden? label label-color pen-mode pen-size shape size who xcor ycor

瓦片（Patches）

pcolor plabel plabel-color pxcor pycor

链（Links）

breed color end1 end2 hidden? label label-color shape thickness tie-mode

其他（Other）

?

关键词（Keywords）

breed directed-link-breed end extensions globals __includes patches-own to to-report turtles-own undirected-link-breed

常量（Constants）

数学常量（Mathematical Constants）

e = 2.718281828459045

pi = 3.141592653589793

布尔常量（Boolean Constants）

false

true

颜色常量（Color Constants）

black = 0

gray = 5

white = 9.9

red = 15

orange = 25

brown = 35

yellow = 45

green = 55

lime = 65

turquoise = 75

cyan = 85

sky = 95

blue = 105

violet = 115

magenta = 125

pink = 135

细节参见编程指南颜色部分 Colors 。

A

abs

abs *number*

返回 *number* 的绝对值。

```
show abs −7
=> 7
show abs 5
=> 5
```

acos

acos *number*

返回给定数的反余弦值。输入数值必须在 −1 到 1 之间。结果是度数，范围在 0 到 180 之间。

all?

all? *agentset* [*reporter*]

如果主体集合（agentset）中的所有主体对给定的报告器（reporter）都返回 true，则返回 true。否则返回 false。

给定的报告器必须对每个主体都返回布尔值（true 或 false），否则发生错误。

```
if all? turtles [color = red]
   [ show "every turtle is red!" ]
```

另外见 any?.

and

*condition*1 and *condition*2

如果 *condition*1 和 *condition*2 为 true，则返回 true.

注意如果 *condition*1 为 false，则不再检查 *condition*2（因为对结果没有影响）。

```
if (pxcor > 0) and (pycor > 0)
    [ set pcolor blue ]  ;; the upper-right quadrant of
                         ;; patches turn blue
```

any?

any? *agentset*

如果给定主体集合非空，返回 true，否则返回 false。

等价于 "count agentset > 0"，但效率更高（也更易读）。

```
if any? turtles with [color = red]
    [ show "at least one turtle is red!" ]
```

注意 nobody 不是一个主体集合。只能在希望得到单个主体而不是整个主体集合的地方得到 nobody。（You only get nobody back in situations where you were expecting a single agent, not a whole agentset）。如果将 nobody 做为 any? 的输入，会导致错误。

另见 all?, nobody.

approximate-hsb

approximate-hsb *hue saturation brightness*

返回 0-140（不包括 140）之间的一个数，表示 NetLogo 的 RGB 颜色空间中的某个颜色。

三个输入值必须在 0-255 范围内。

返回的颜色可能只是一个近似，因为 NetLogo 颜色空间没有包括所有可能颜色。返回的颜色可能只是一个近似，因为 NetLogo 颜色空间没有包括所有可能颜色。（只包括某些离散的色调（hue），对每个色调，饱和度或亮度可以变化，但二者不能同时变化 — 至少二者之一总是 255）。

```
show approximate-hsb 0 0 0
=> 0  ;; (black)
show approximate-hsb 127.5 255 255
=> 85.2 ;; (cyan)
```

另见 extract-hsb, approximate-rgb, extract-rgb.

approximate-rgb

approximate-rgb *red green blue*

返回 0-140（不包括 140）之间的一个数，表示 NetLogo 的 RGB 颜色空间中的某个颜色。

三个输入值必须在 0-255 范围内。

返回的颜色可能只是一个近似，因为 NetLogo 颜色空间没有包括所有可能颜色。（参见 approximate-hsb 的说明，很难用 RGB 术语表达）

```
show approximate-rgb 0 0 0
=> 0  ;; black
show approximate-rgb 0 255 255
=> 85.2 ;; cyan
```

另见 extract-rgb, approximate-hsb, 和 extract-hsb.

算子（Arithmetic Operators）(+, *, −, /, ^, <, >, =, !=, <=, >=)

这些运算符都是中缀运算符 "infix operators" 都有两个输入参数。（把它置于两个输入参数之间，就像标准数学那样）。NetLogo 实现正确的中缀运算顺序。

运算符含义：+ 加, * 乘, − 减, / 除, ^ 幂, < 小于, > 大于, = 等于, != 不等于, <= 小于等于, >= 大于等于。

注意减法运算符一般采用两个输入，但是如果用括号括起来可以只有一个输入。例如对 x 取负，写为 (− x)，要有括号。

可以对字符串运用比较操作。

比较操作可以用于主体。对海龟比较 who number，对瓦片从上到下、从左到右比较，因此瓦片 0 10 小于 0 9，瓦片 9 0 小于 10 0。链通过端点排序，如果是捆绑的话，则通过种类比较。因此，link 0 9 在 link 1 10 之前，因为 end1 较小，link

0 8 小于 link 0 9。如果链有多个种类，则具有相同端点的无种类链在有种类链之前，而有种类的链根据在例程页中声明顺序进行排序。

可以对主体集合测试相等或不等。如果两个主体集合是同一类型（海龟或瓦片）且包含相同的主体，则相等。

如果不太确定 NetLogo 怎样解释我们的代码，应加上括号。

```
show 5 * 6 + 6 / 3
=> 32
show 5 * (6 + 6) / 3
=> 20
```

asin

asin *number*

返回给定数值的反正弦值。输入参数必须在 –1 到 1 之间。结果是度数，在 –90 到 90 范围。

ask

ask *agentset [commands]*

ask *agent [commands]*

指定的主体（agent）或主体集合（agentset）执行给定的命令。

```
ask turtles [ fd 1 ]
    ;; all turtles move forward one step
ask patches [ set pcolor red ]
    ;; all patches turn red
ask turtle 4 [ rt 90 ]
    ;; only the turtle with id 4 turns right
```

注意：只有观察者可以请求所有海龟或所有瓦片。这可以防止我们因不小心而让所有海龟请求所有海龟，或所有瓦片请求所有瓦片，当我们不太清楚哪个主体运行我们的代码时，容易犯这个错误。

注意：仅有那些在 ask 开始时刻的主体集合中的主体运行这些命令。

ask-concurrent

ask-concurrent *agentset [commands]*

给定主体集合中的主体以轮换（turn-taking）机制运行给定命令，模拟并发执行。参见编程指南的 Ask-Concurrent 部分。

注意：仅有那些在 ask 开始时刻的主体集合中的主体运行这些命令。

另见 without-interruption。

at-points

agentset **at-points [[*x1 y1*] [*x2 y2*] ...]**

返回给定主体集合的一个子集，该子集只包括那些离调用主体给定距离处的瓦片上的主体。距离以列表形式给出，列表的每个元素有两项，即 x 和 y 偏移。

如果调用主体是观察者，则距离是指到原点的距离，换句话说，就是瓦片的绝对坐标。

如果调用主体是海龟，距离是指到该海龟的精确距离，而不是到该海龟所在瓦片中心的距离：

```
ask turtles at-points [[2 4] [1 2] [10 15]]
  [ fd 1 ]  ;; only the turtles on the patches at the
            ;; distances (2，4)，(1，2) and (10，15)，
            ;; relative to the caller，move
```

atan

atan *x y*

返回 x 除以 y 的反正切值，是度数值（0-360）。

注意这个版本的 atan 设计用来与 NetLogo 世界的几何一致。在 NetLogo 世界，0 方向是上，90 是右，顺时针旋转。（在一般几何里，0 是右，90 是上，逆时针旋转，atan 需要一致的实现）。

当 y 为 0 时，如果 x 为正，返回 90；如果 x 为负，返回 270；如果 x 为 0，出错。

```
show atan 1 -1
=> 135
show atan -1 1
```

```
=> 315
crt 1 [ set heading 30  fd 1  print atan xcor ycor ]
=> 30
```

在最后的例子中，注意 atan 和海龟的朝向相同。

autoplot?

autoplot?

如果当前绘图的 auto-plotting 打开，则返回 true，否则返回 false.

auto-plot-off
auto-plot-on

auto-plot-off

auto-plot-on

这对命令控制当前绘图的自动绘图（auto-plotting）功能。当画笔超出当前边界时，自动绘图功能自动更新 x 轴和 y 轴。当要显示所有绘制点而不管图形范围时，会用到命令。

B

back
bk

back *number*

海龟后退 number 步。（如果 number 为负，则海龟前进）。

海龟使用这个原语每个时间步最大移动 1 个单位。因此 bk 0.5 和 bk 1 都使用一个时间步，但 bk 3 用三个时间步。

如果因为当前拓扑的原因不能后退 number 步，则海龟尽可能移动整数步，停下。

另见 forward，jump，can-move?.

base-colors

base-colors

返回由 14 个 NetLogo 基本色调构成的列表。

```
print base-colors
=> [5 15 25 35 45 55 65 75 85 95 105 115 125 135]
ask turtles [ set color one-of base-colors ]
;; each turtle turns a random base color
ask turtles [ set color one-of remove gray base-colors ]
;; each turtle turns a random base color except for gray
```

beep

beep

发出蜂鸣声。注意蜂鸣声很迅速，几个非常靠近的蜂鸣命令听起来就像一条声音。

例如：

```
beep                    ;; emits one beep
repeat 3 [ beep ]       ;; emits 3 beeps at once,
                        ;; so you only hear one sound
repeat 3 [ beep wait 0.1 ]  ;; produces 3 beeps in succession,
                        ;; separated by 1/10th of a second
```

当运行无指向的时候，这个命令无效。

behaviorspace-run-number

behaviorspace-run-number

返回当前行为空间运行时间，从 1 开始计时。

如果没有行为空间运行，返回 0。

both-ends

both-ends

返回由该链的两个端点组成的主体集合。

```
crt 2
ask turtle 0 [ create-link-with turtle 1 ]
ask link 0 1 [
   ask both-ends [ set color red ] ;; turtles 0 and 1 both turn red
]
```

breed

breed

这是一个内建的海龟和链变量。它保存着所有与该海龟（链）同一种类的海龟（链）构成的主体集合。（对于没有特定种类的海龟或链，这个变量就是所有海龟的主体集合 turtles 或所有链的主体集合 links）。可以设置这个变量改变海龟或链的种类。

另见 breed, directed-link-breed, undirected-link-breed.

例如：

```
breed [cats cat]
breed [dogs dog]
;; turtle code:
if breed = cats [ show "meow!" ]
set breed dogs
show "woof!"
directed-link-breed [ roads road ]
;; link code
if breed = roads [ set color gray ]
```

breed

breed [*<breeds> <breed>*]

这个关键词只能在例程页的首部使用，就像 globals, turtles-own 和 patches-own 一样。它定义一个种类。第一个输入参数定义该种类主体集合的名字，第二个参数定义该种类单个主体的名字。

给定种类的任何海龟：

- 都是由种类名命名的主体集合的一部分
- 拥有主体集合定义的种类内建变量

主体集合最常与 ask 一起，给特定种类的海龟发出命令。

```
breed [mice mouse]
breed [frogs frog]
to setup
  clear-all
  create-mice 50
  ask mice [ set color white ]
  create-frogs 50
  ask frogs [ set color green ]
  show [breed] of one-of mice    ;; prints mice
  show [breed] of one-of frogs   ;; prints frogs
end


show mouse 1
;; prints (mouse 1)
show frog 51
;; prints (frog 51)
show turtle 51
;; prints (frog 51)
```

另见 globals, patches-own, turtles-own, *<breeds>*-own, create-*<breeds>*, *<breeds>*-at, *<breeds>*-here.

but−first

butfirst

bf

but−last

butlast

bl

  but−first *list*

  but−first *string*

  but−last *list*

  but−last *string*

与列表一起使用的时候，but−first 返回 list 中除第一项之外的所有项，but−last 返回除最后一项外的其他项。

与字符串一起使用时，but−first 和 but−last 返回忽略了原始字符串第一个或最后一个字符的字符串。

```
;; mylist is [2 4 6 5 8 12]
set mylist but−first mylist
;; mylist is now [4 6 5 8 12]
set mylist but−last mylist
;; mylist is now [4 6 5 8]
show but−first "string"
;; prints "string"
show but−last "string"
;; prints "string"
```

C

can–move?

can–move? *distance*

如果调用主体能够沿所面向的方向前进 distance 而不与拓扑冲突，则返回 true，否则返回 false。

它等价于：

```
patch–ahead distance != nobody
```

carefully

carefully [*commands1*] [*commands2*]

运行 *commands*1 如果出错，NetLogo 不停下来报警，而是抑制错误运行 *commands*2。

在 *commands*2 可以使用 error-message 报告器，找出在 *commands*1 中被抑制的错误信息。见 error-message。

```
carefully [ print one–of [1 2 3] ] [ print error–message ]
=> 3
observer> carefully [ print one–of [] ] [ print error–message ]
=> ONE–OF got an empty list as input.
```

ceiling

ceiling *number*

返回大于等于 *number* 的最小整数。

```
show ceiling 4.5
=> 5
show ceiling –4.5
=> –4
```

请见 floor, round, precision.

clear–all

ca

clear–all

将所有全局变量清 0，调用 reset-ticks, clear-turtles, clear-patches, clear-drawing, clear-all-plots, and clear-output。

clear–all–plots

clear–all–plots

清除模型中所有绘图（plot）。更多信息参见 clear-plot 。

clear–drawing

cd

clear–drawing

清除海龟画出的所有线和图案。

clear–links

clear–links

删除所有链。

另见 die.

clear–output

clear–output

如果模型有输出区域，则清除所有文本。否则什么都不做。

clear–patches

cp

clear–patches

将所有瓦片变量重设为默认初始值，包括将颜色设为黑。

clear–plot

clear–plot

对当前绘图，重设所有画笔，删除所有临时画笔，将绘图设为默认值（x，y 的范围等），将所有永久画笔设为默认值。绘图和永久画笔的默认值在绘图编辑对话框里设置。如果删除所有临时画笔后没有画笔了，也就是说没有永久性画笔，则使用下面的设置自动生成一个默认画笔：

- Pen: down
- Color: black
- Mode: 0 (line mode)
- Name: "default"
- Interval: 1

另见 clear–all–plots.

clear–ticks

clear–ticks

另见 reset–ticks.

clear–turtles

ct

clear–turtles

删除所有海龟 .

也重设 who number，因此下一个创建的海龟号为 0。

另见 die。

color

color

这是一个内建海龟或链变量，保存海龟或链的颜色，设置该变量则海龟或链改变颜色。颜色可用 NetLogo 颜色（一个数字），或 RGB 颜色（有 3 个数的列表）。细节见编程指南的颜色部分 Colors section.

另见 pcolor.

cos

cos *number*

返回给定角的余弦值。角的单位是度。

```
show cos 180
=> -1
```

count

count *agentset*

返回给定主体集合的主体数量。

```
show count turtles
;; prints the total number of turtles
show count patches with [pcolor = red]
;; prints the total number of red patches
```

create-ordered-turtles
cro
create-ordered-<breeds>

create-ordered-turtles *number*
create-ordered-turtles *number* [*commands*]
create-ordered<*breeds*> *number*
create-ordered<*breeds*> *number* [*commands*]

创建 *number* 个新海龟。新海龟位于 (0, 0) 处，用 14 个主要颜色分别设定颜色，方向在 0–360 均匀设置。

如果采用 create-ordered-<breeds> 形式，则创建属于该种类的新海龟。

如果提供了 *commands*，新海龟立即运行这些命令。使用这些命令可以给新海龟不同的颜色、方向或任何其他东西。（新海龟一次全部创建，然后以随机顺序每次选择一个海龟运行命令）。

```
cro 100 [ fd 10 ] ;; makes an evenly spaced circle
```

create-<breed>-to

create-<breeds>-to

create-<breed>-from

create-<breeds>-from

create-<breed>-with

create-<breeds>-with

create-link-to

create-links-to

create-link-from

create-links-from

create-link-with

create-links-with

     create-<breed>-to *turtle*

     create-<breed>-to *turtle* [*commands*]

     create-<breed>-from *turtle*

     create-<breed>-from *turtle* [*commands*]

     create-<breed>-with *turtle*

     create-<breed>-with *turtle* [*commands*]

     create-<breeds>-to *turtleset*

     create-<breeds>-to *turtleset* [*commands*]

     create-<breeds>-from *turtleset*

     create-<breeds>-from *turtleset* [*commands*]

     create-<breeds>-with *turtleset*

     create-<breeds>-with *turtleset* [*commands*]

     create-link-to *turtle*

     create-link-to *turtle* [*commands*]

     create-link-from *turtle*

     create-link-from *turtle* [*commands*]

     create-link-with *turtle*

     create-link-with *turtle* [*commands*]

create-links-to *turtleset*

create-links-to *turtleset* [*commands*]

create-links-from *turtleset*

create-links-from *turtleset* [*commands*]

create-links-with *turtleset*

create-links-with *turtleset* [*commands*]

用来在海龟之间创建有种类或无种类的链。

create-link-with 在调用者和 agent 之间创建一个无向链。create-link-to 创建一个从调用者到 agent 的有向链。create-link-from 创建一个从 agent 到调用者的有向链。

当使用复数形式的种类名时，需要给一个主体集合，在调用者和主体集合中的所有主体之间创建链。

可选的命令块是每个新构建的链要运行的命令。（所有链一次全部创建，然后以随机顺序每次运行一个）。

节点不能自连。在两个节点之间不能有多条同种类的无向链，在两个节点之间也不能有多个同向的同种类的有向链。

如果试图创建一条已存在的链（同种类），什么也不发生。如果试图创建一个海龟自连的链，则出现运行错误。

```
to setup
  crt 5
  ;; turtle 1 creates links with all other turtles
  ;; the link between the turtle and itself is ignored
  ask turtle 0 [ create-links-with other turtles ]
  show count links ;; shows 4
  ;; this does nothing since the link already exists
  ask turtle 0 [ create-link-with turtle 1 ]
  show count links ;; shows 4 since the previous link already existed
  ask turtle 2 [ create-link-with turtle 1 ]
  show count links ;; shows 5
end
```

```
directed-link-breed [red-links red-link]
undirected-link-breed [blue-links blue-link]

to setup
    crt 5
    ;; create links in both directions between turtle 0
    ;; and all other turtles
    ask turtle 0 [ create-red-links-to turtles ]
    ask turtle 0 [ create-red-links-from turtles ]
    show count links ;; shows 8
    ;; now create undirected links between turtle 0 and other turtles
    ask turtle 0 [ create-blue-links-with turtles ]
    show count links ;; shows 12
end
```

create-turtles

crt

create-<breeds>

> **create-turtles number**
>
> **create-turtles number [commands]**
>
> **create-<breeds> number**
>
> **create-<breeds> number [commands]**

创建 number 新海龟。新海龟的方向是随机整数，颜色从 14 个主色中随机选取。

如果使用 create-<breeds> 形式，新海龟就是给定种类的成员。

如果提供了 commands，新海龟立即执行这些命令。使用这些命令可以给新海龟不同的颜色、方向或任何其他东西。（新海龟一次全部创建，然后以随机顺序每次选择一个海龟运行命令）。

```
crt 100 [ fd 10 ]     ;; makes a randomly spaced circle
breed [canaries canary]
breed [snakes snake]
to setup
  clear-all
  create-canaries 50 [ set color yellow ]
  create-snakes 50 [ set color green ]
end
```

另见 hatch，sprout。

create–temporary–plot–pen

create–temporary–plot–pen *string*

使用给定名称为当前绘图创建一个临时画笔，该画笔设为当前画笔。

很少有模型使用这一原语，因为当调用 clear–plot 或 clear–all–plots 后，所有临时画笔都消失。创建画笔的正常方式是在绘图的编辑对话框中创建永久画笔。

如果当前绘图中存在同名的临时画笔，则不再创建新画笔，将已存在的画笔设为当前画笔。如果有一个同名的永久画笔，则出现运行错误。

新的临时画笔的初始设置如下：

- Pen: down
- Color: black
- Mode: 0 (line mode)
- Interval: 1

见：clear–plot，clear–all–plots，and set–current–plot–pen。

D

date–and–time

date–and–time

返回包含当前日期和时间的字符串。格式如下，所有的域（field）都是固定长度的，因此某个域总是出现在字符串的相同位置。时钟可能的精度是毫秒。（在不同的系统上得到的精度可能会不同，这取决于底层的 Java 虚拟机)。

```
show date-and-time
=> "01:19:36.685 PM 19-Sep-2002"
```

die

> **die**
> 海龟死亡。

```
if xcor > 20 [ die ]
;; all turtles with xcor greater than 20 die
ask links with [color = blue] [ die ]
;; all the blue links will die
```

另见 : clear-turtles clear-links.

diffuse

> **diffuse** *patch-variable number*

告诉每个瓦片将瓦片变量 patch-variable 的 (number * 100)% 均等地分配到它的 8 个相邻瓦片上去。Number 在 0-1 之间。不管拓扑如何，整个世界的 patch-variable 之和守恒。(如果一个瓦片的邻元少于 8 个，每个邻元仍然得到 1/8 的份额，剩余的该瓦片自己保留)。

注意这是一个观察者命令，尽管我们希望这是一个瓦片命令。(原因是该命令同时对所有瓦片起作用—而瓦片命令只能作用到单个瓦片)。

```
diffuse chemical 0.5
;; each patch diffuses 50% of its variable
;; chemical to its neighboring 8 patches. Thus,
;; each patch gets 1/8 of 50% of the chemical
;; from each neighboring patch.)
```

diffuse4

> **diffuse4** *patch-variable number*

与 diffuse 类似，区别是对四个相邻瓦片进行扩散（北、南、东、西），而不包括对角邻元。

```
diffuse4 chemical 0.5
;; each patch diffuses 50% of its variable
;; chemical to its neighboring 4 patches. Thus,
;; each patch gets 1/4 of 50% of the chemical
;; from each neighboring patch.)
```

directed-link-breed

directed-link-breed [<link-breeds> <link-breed>]

与 globals 和 breeds 关键词一样，这个关键词只能在例程页的首部使用，位于所有例程定义之前。它定义一个有向链种类。某个种类的链必须都是有向的或都是无向的。第一个参数定义该种类链的主体集合名，第二个参数定义单个成员名。创建有向链时使用 create-link(s)-to，和 create-link(s)-from，而不使用 create-link(s)-with。

任何一个属于指定链种类的链：

- 是链种类名所定义的主体集合的一部分
- 有设定到该主体集合的内建变量 breed
- 由关键词决定是有向还是无向

最常见的用法是主体集合和 ask 命令组合在一起，向只属于特定种类的链发出命令。

```
directed-link-breed [streets street]
directed-link-breed [highways highway]
to setup
  clear-all
  crt 2
  ;; create a link from turtle 0 to turtle 1
  ask turtle 0 [ create-street-to turtle 1 ]
  ;; create a link from turtle 1 to turtle 0
```

```
    ask turtle 0 [ create-highway-from turtle 1 ]
end

ask turtle 0 [ show one-of in-links ]
;; prints (street 0 1)
ask turtle 0 [ show one-of out-links ]
;; prints (highway 1 0)
```

另见 breed, undirected-link-breed.

display

display

引起视图立刻更新。(例外：如果用户使用速度滑动条快进模型，更新可能被跳过)

另外，撤销 no-display 命令的效果，如果视图更新被 no-display 挂起，则恢复。

```
no-display
ask turtles [ jump 10 set color blue set size 5 ]
display
;; turtles move, change color, and grow, with none of
;; their intermediate states visible to the user, only
;; their final state
```

即使没有使用 no-display 命令，"display" 也有用。因为正常情况下 NetLogo 会逃过一些视图更新，由于总的更新变少，模型会运行得快一些。该命令强迫视图更新，因此世界发生的一切都能被用户看到。

```
ask turtles [ set color red ]
display
ask turtles [ set color blue]
;; turtles turn red, then blue; use of "display" forces
;; red turtles to appear briefly
```

注意 display 和 no-display 与视图控制条上冻结视图的开关无关。

另见 <u>no-display</u>。

distance

distance *agent*

返回本主体与给定的海龟或瓦片的距离。

离或到一个瓦片的距离是根据瓦片中心得到的。如果世界拓扑允许回绕，并且回绕距离更短，则海龟和瓦片使用回绕距离（围绕世界边缘）。

```
ask turtles [ show max-one-of turtles [distance myself] ]
;; each turtle prints the turtle farthest from itself
```

distancexy

distancexy *xcor ycor*

返回从本主体到给定点 (*xcor*, *ycor*) 的距离。

离开瓦片的距离根据瓦片中心计算。如果世界拓扑允许回绕，并且回绕距离更短，则海龟和瓦片使用回绕距离（围绕世界边缘）。

```
if (distancexy 0 0) > 10
    [ set color green ]
;; all turtles more than 10 units from
;; the center of the world turn green.
```

downhill
downhill4

downhill *patch-variable*
downhill4 *patch-variable*

海龟移动到 *patch-variable* 最小的那个相邻瓦片上。如果没有哪个相邻瓦片变量比当前瓦片小，则保持不动。如果有几个瓦片有相同的最小值，则随机选择一个。非数值型值忽略。

downhill 考虑 8 个相邻瓦片，而 downhill4 考虑 4 个相邻瓦片。

与下面的代码等价 (假设变量是数值型)：

```
move-to patch-here  ;; go to patch center
```

```
let p min-one-of neighbors [patch-variable]  ;; or neighbors4
if [patch-variable] of p < patch-variable [
  face p
  move-to p
]
```

注意海龟总是停在瓦片中心，方向角是 45(downhill) 或 90(downhill4) 的倍数。另见 uphill, uphill4.

dx
dy

dx

dy

返回海龟沿当前方向前进一步时的 x 增量或 y 增量 (海龟的 xcor 或 ycor 的改变量)。

注意 :dx 就是海龟方向角的正弦值, dy 就是余弦值。(这可能与我们想的相反, 原因在于 NetLogo 的 0 方向是北, 90 是东, 与一般几何中的角度定义相反)

注意 : 在 NetLogo 早期版本, 这些命令很常用, 现在新的 patch-ahead 原语更合适。

<h2 style="text-align:center">E</h2>

empty?

empty? *list*

empty? *string*

如果给定的列表或字符串为空, 返回 true, 否则返回 false。

注意 : 空列表写成 [], 空字符串写成 ""。

end

end

用来结束一个例程。见 to 和 to-report。

end1

end1

这是一个内置链变量。它指明链的第一个端点（海龟）。对有向链是指源端点，对无向链是指具有小的 who number 的端点。我们不能设置 end1。

crt 2

ask turtle 0

[create-link-to turtle 1]

ask links

[show end1] ;; shows turtle 0

end2

end2

这是一个内置链变量。它指明链的第二个端点（海龟）。对有向链是指目的端点，对无向链是指具有大的 who number 的端点。我们不能设置 end2。

crt 2

ask turtle 1

[create-link-with turtle 0]

ask links

[show end2] ;; shows turtle 1

error

error *value*

error-message

error-message

返回被 carefully 抑制的描述错误信息的字符串。

该报告器只能用在 carefully 命令的第二部分。

另见 error, carefully.

every

> **every** *number* [*commands*]

仅当在同一上下文中（in this context）距离上次运行给定命令超过 *number* 秒，才运行该组命令。否则命令被跳过。

Every 本身不能使命令不断重复运行。如果我们想要重复运行，则需要将它放到一个循环里，或者放到永久性按钮里。Every 只限制命令运行的频率。

上面所谓的同一上下文（"in this context"）指相同的 ask（或按钮按下或命令中心输入的命令）。因此如果写成 ask turtles [every 0.5 [...]] 就没什么意义，因为当 ask 完成时海龟就丢弃对 "every" 的计时器。正确的用法如下：

> every 0.5 [ask turtles [fd 1]]
>
> ;; twice a second the turtles will move forward 1
>
> every 2 [set index index + 1]
>
> ;; every 2 seconds index is incremented

另见 wait.

exp

> **exp** *number*

返回 e 的 *number* 次幂。

注意：与 e ^ *number* 相同。

export–view

export–interface

export–output

export–plot

export–all–plots

export–world

> **export–view** *filename*
>
> **export–interface** *filename*
>
> **export–output** *filename*
>
> **export–plot plotname** *filename*

export-all-plots *filename*

export-world *filename*

export-view 将当前视图的当前内容输出到由 filename 命名的外部文件。文件存为 PNG (Portable Network Graphics) 格式，因此推荐文件后缀为 ".png"。

export-interface 相似，只是输出的是整个界面页。

export-output 将模型的输出区域内容输出到由 filename 命名的外部文件。(如果模型没有独立的输出区域，则输出命令中心的输出区域)。

export-plot 将绘图 plotname 中所有画笔绘制的所有点的 x 和 y 值输出到由 filename 命名的外部文件。如果画笔是条型 (bar) 模式 (mode 0)，并且点的 y 值大于 0，则输出条形的左上角点，如果 y 值小于 0，则输出左下角点。

export-plot 将绘图 plotname 中所有画笔绘制的所有点的 x 和 y 值输出到由 filename 命名的外部文件。如果画笔是条型 (bar) 模式 (mode 0)，并且点的 y 值大于 0，则输出条形的左上角点，如果 y 值小于 0，则输出左下角点。

export-all-plots 将当前模型的所有绘图输出到由 filename 命名的外部文件。每个绘图的格式与 export-plot 输出时相同。

export-world 将所有变量的值，包括内建变量和用户定义的变量，所有观察者、海龟、瓦片变量，画图 (drawing)，输出区域 (如果有的话)，绘图 (plot) 内容，随机数发生器的状态，输出到由 filename 命名的外部文件。(可以被 import-world 读回 NetLogo)。export-world 不保存打开文件的状态。

export-plot，export-all-plots 和 export-world 用无格式文本 (plain-text)、逗号分隔值 "comma-separated values"(.csv) 格式保存文件。许多常用的电子表格、数据库程序以及文本编辑器都能读取 CSV 文件。

如果输出文件不在模型目录，则需给定输出文件的全路径。(使用 "/" 作为文件夹分隔符)。

注意这些功能可以直接在 NetLogo 的 File 菜单中使用。

```
export-world "fire.csv"

;; exports the state of the model to the file fire.csv

;; located in the NetLogo folder

export-plot "Temperature" "c:/My Documents/plot.csv"

;; exports the plot named
```

```
;; "Temperature" to the file plot.csv located in
;; the C:\My Documents folder
export–all–plots "c:/My Documents/plots.csv"
;; exports all plots to the file plots.csv
;; located in the C:\My Documents folder
```

如果文件已存在，则覆盖。例如：

```
export–world user–new–file
export–world (word "results " date–and–time ".csv")
export–world (word "results " random–float 1.0 ".csv")
```

extensions

extensions [*name ...*]

允许模型使用给定扩展库中的原语。详情见 Extensions guide.

extract–hsb

extract–hsb *color*

返回指定 NetLogo 颜色的 HSB 值列表，指定颜色在 0–140(不包括) 之间。返回的列表有三项，每项分别是色调、饱和度、亮度，范围在 0–255。

```
show extract–hsb red
=> [2.198 206.372 215]
show extract–hsb cyan
=> [127.5 145.714 196]
```

另见 approximate–hsb, approximate–rgb, extract–rgb.

extract–rgb

extract–rgb *color*

返回指定 NetLogo 颜色的 RGB 值列表，指定颜色在 0–140(不包括) 之间。返回的列表有三项，每项分别是红、绿、蓝，范围在 0–255。

```
show extract-rgb red
=> [215 50 41]
show extract-rgb cyan
=> [84 196 196]
```

另见 approximate-rgb，approximate-hsb，extract-hsb.

F

face

face *agent*

设置调用者的方向为朝向 *agent*。

如果世界拓扑允许回绕，并且回绕距离较短，face 将使用回绕路径。

如果调用者和 agent 恰好位于相同点，则调用者的方向不变。

facexy

facexy *number number*

设置调用者的方向为朝向点 (x，y)。

如果世界拓扑允许回绕，并且回绕距离较短，facexy 将使用回绕路径。

如果调用者恰好位于点（x，y)，则调用者的方向不变。

file-at-end?

file-at-end?

如果已达到文件 (已用 file-open 打开) 尾，返回 true，否则返回 false。

```
file-open "my-file.txt"
print file-at-end?
=> false ;; Can still read in more characters
print file-read-line
=> This is the last line in file
print file-at-end?
=> true ;; We reached the end of the file
```

另见 file-open, file-close-all。

file-close

file-close

关闭已用 file-open 打开的文件。

注意该命令和 file-close-all 是指重新到已打开文件的起始位置和切换文件模式的仅有方法。

如果没有文件打开，则没有任何作用。

另见 file-close-all, file-open.

file-close-all

file-close-all

关闭所有以前由 file-open 打开的文件（如果有的话）。

另见 file-close, file-open.

file-delete

file-delete *string*

删除 *string* 指明的文件。

string 必须是一个用户有写权限的已有文件。另外文件不能打开。在删除之前用 file-close 关闭打开的文件。

注意 string 可以是文件名，也可是绝对路径。如果是文件名，表示在当前目录。可以使用 set-current-directory 改变当前目录，默认是模型目录。

file-exists?

file-exists? *string*

如果文件 string 存在则返回 true，否则返回 false。

注意 string 可以是文件名，也可是绝对路径。如果是文件名，表示在当前目录。可以使用 set-current-directory 改变当前目录，默认是模型目录。

file-flush

file-flush

强迫文件刷新到磁盘。当使用写操作或其他输出命令时，可能不会立即写到磁盘，这样是为提高文件输出性能。关闭文件能确保所有输出写入到磁盘。

有时需要在不关闭文件的前提下确保数据写入磁盘。例如我们使用文件与计算机上的其他程序进行通信，想要其他程序立即看到输出。

file-open

file-open *string*

该命令将 string 解释为路径名并且打开文件。我们可以使用 file-read, file-read-line, 和 file-read-characters 读取文件，也可以使用 file-write, file-print, file-type, or file-show 写入文件。

注意我们可以打开文件进行读或写，但不能既读又写。接下来的文件输入输出命令决定了文件的打开模式。要切换模式需要使用 file-close 关闭文件。

另外，如果打开文件进行读的话，文件必须已经存在。

当打开文件进行写操作，所有新数据会追加到原始文件尾。如果没有原始文件，则在原位新建一个空文件（必须对该目录有写权限）。（如果不想追加，而是要替换现有内容，先使用 file-delete 删除它，如果不确定它是否存在的话，最好使用 carefully）。

注意 string 可以是文件名，也可是绝对路径。如果是文件名，表示在当前目录。可以使用 set-current-directory 改变当前目录，默认是模型目录。

```
file-open "my-file-in.txt"
print file-read-line
=> First line in file ;; File is in reading mode
file-open "C:\\NetLogo\\my-file-out.txt"
;; assuming Windows machine
file-print "Hello World" ;; File is in writing mode
```

另见 file-close.

file-print

file-print *value*

将 value 打印到一个打开的文件中，后面跟一个回车。

在 value 前不打印调用主体，这一点与 file-show 不同。

注意这是与 print 等价的文件 i/o 命令，在使用该命令前要先使用 file-open。

另见 file-show, file-type, 和 file-write.

file-read

file-read

这个报告器从打开的文件中读取一个常数，就像在命令中心输入它一样，执行它，返回结果。结果可能是数值、列表、字符串、布尔值、或者特殊值 nobody。

常数由空格分隔，file-read 调用时跳过前后空格。

注意字符串需要用引号，在使用 file-write 时包括引号。

还要注意在使用该报告器之前要先使用 file-open 命令，并且文件里还有数据。使用报告器 file-at-end? 测试是否达到文件尾。

```
file-open "my-file.data"
print file-read + 5
;; Next value is the number 1
=> 6
print length file-read
;; Next value is the list [1 2 3 4]
=> 4
```

另见 file-open 和 file-write.

file-read-characters

file-read-characters *number*

将打开文件中的 number 个字符作为一个字符串返回。如果剩余的字符数量不足，则返回所有剩下的字符。

注意它返回包括新行和空格在内的所有字符。

还要注意在使用该命令之前要先使用 file-open 命令，并且文件里还有数据。

使用报告器 file-at-end? 测试是否达到文件尾。

```
file-open "my-file.txt"
print file-read-characters 5
;; Current line in file is "Hello World"
=> Hello
```

另见 file-open.

file-read-line

file-read-line

读取文件中的下一行，作为字符串返回。通过回车、文件结束字符或者二者都在一行判定文件是否结束。（It determines the end of the file by a carriage return, an end of file character or both in a row.）

还要注意在使用该命令之前要先使用 file-open 命令，并且文件里还有数据。使用报告器 file-at-end? 测试是否达到文件尾。

```
file-open "my-file.txt"
print file-read-line
=> Hello World
```

另见 file-open.

file-show

file-show *value*

将 value 打印到文件中，前面是调用主体，后面是一个回车。（包含调用主体用来帮我们跟踪输出的每一行是哪个主体产生的）。与 file-write 类似，字符串要有引号。

注意这是与 show 等价的文件 i/o 命令。在使用该命令前，要先使用 file-open。

另见 file-print, file-type, file-write.

file-type

file-type *value*

将 value 打印到一个打开的文件中，后面不跟回车（与 file-print 和 file-show）

不同）。不用回车使我们能在一行打印几个值。

与 file-show 不同，前面没有调用主体。

注意这是与 type 等价的文件 i/o 命令，在使用该命令前，要先使用 file-open。

另见 file-print, file-show, 和 file-write.

file-write

file-write *value*

将一个值输出到一个打开的文件，可以是数值、字符串、列表、布尔值、或 nobody，后面不跟回车（与 file-print and file-show 不同）。

与 file-show 不同，前面没有调用主体。输出的字符串有引号，前面加一个空格。用这种方式输出，这样 file-read 能解释它。

注意这是与 write 等价的文件 i/o 命令，在使用该命令前，要先使用 file-open。

```
file-open "locations.txt"
ask turtles
    [ file-write xcor file-write ycor ]
```

另见 file-print, file-show, and file-type.

filter

filter *reporter-task list*

返回 list 中由布尔型 reporter 为真的项组成的列表 — 也就是说，满足给定条件的项。

```
show filter is-number? [1 "2" 3]
=> [1 3]
show filter [? < 3] [1 3 2]
=> [1 2]
show filter [first ? != "t"] ["hi" "there" "everyone"]
=> ["hi" "everyone"]
```

另见 map, reduce, ?.

first

> **first** *list*
>
> **first** *string*
>
> 对列表，返回列表的第一（0th）项。
>
> 对字符串，返回仅包含原始字符串中第一个字符的字符串。

floor

> **floor** *number*
>
> 返回小于等于 number 的最大整数。
>
> ```
> show floor 4.5
> => 4
> show floor –4.5
> => –5
> ```
>
> 另见 ceiling, round, precision.

follow

> **follow** *turtle*
>
> 与 ride 相似，但在 3 维视图中，观察者的位置是在 turtle 的后上方。
>
> 另见 follow–me, ride, reset–perspective, watch, subject.

follow–me

> **follow–me**
>
> 请求观察者跟随调用主体。
>
> 另见 follow.

foreach

> **foreach** *list command-task*
>
> **(foreach** *list1 ... command-task***)**
>
> 在单个列表，让列表中的每一项都运行。

```
foreach [1.1 2.2 2.6] show
=> 1.1
=> 2.2
=> 2.6
foreach [1.1 2.2 2.6] [ show (word ? " -> " round ?) ]
=> 1.1 -> 1
=> 2.2 -> 2
=> 2.6 -> 3
```

对多个列表，对每个列表中的每一组项运行 commands。因此第一项运行一次，第二项运行一次，等等。所有列表长度必须相同。

下面的几个例子使得含义清楚一点：

```
(foreach [1 2 3] [2 4 6]
    [ show word "the sum is: " (?1 + ?2) ])
=> "the sum is: 3"
=> "the sum is: 6"
=> "the sum is: 9"
(foreach list (turtle 1) (turtle 2) [3 4]
    [ ask ?1 [ fd ?2 ] ])
;; turtle 1 moves forward 3 patches
;; turtle 2 moves forward 4 patches
```

另见 map, ?.

forward

fd

forward *number*

海龟前进 number 步，每次 1 步。（如果 number 为负则后退）。

fd 10 等价于 repeat 10 [jump 1]。fd 10.5 等价于 repeat 10 [jump 1] jump 0.5。

如果海龟因当前拓扑的限制不能前进 number 步，则前进尽可能大的整数步，然后停下。

另见 jump, can-move?.

fput

fput *item list*

将 *item* 加到列表首，返回新列表。

```
;; suppose mylist is [5 7 10]
set mylist fput 2 mylist
;; mylist is now [2 5 7 10]
```

G

globals

globals [*var1 ...*]

这个关键词和 breed，–own，patches–own，turtles–own 一样，只能用在程序首部，位于任何例程定义之前。它定义新的全局变量。全局变量是"全局"的，因为能被任何主体访问，能在模型中的任何地方使用。

一般全局变量用于定义在程序多个部分使用的变量或常量。

H

hatch
hatch–<breeds>

hatch *number* [*commands*]
hatch–<*breeds*> *number* [*commands*]

本海龟创建 number 个新海龟。每个新海龟与母体相同，处在同一个位置。然后新海龟运行 commands。可以使用 commands 给新海龟不同的颜色、方向、位置等任何东西。（新海龟同时创建，然后以随机顺序每次运行一个）。

如果使用 hatch– 形式，则新海龟是给定种类的成员。否则，新海龟与母体种类相同。

注意：当这个命令运行时，其他主体不能运行任何代码（就像使用 without–interruption 命令）。这确保如果使用 ask–concurrent，在新海龟全部初始化之前，新海龟不能与任何其他主体交互。

```
hatch 1 [ lt 45 fd 1 ]
;; this turtle creates one new turtle,
;; and the child turns and moves away
hatch-sheep 1 [ set color black ]
;; this turtle creates a new turtle
;; of the sheep breed
```

另见 create-turtles，sprout.

heading

heading

这是一个内置海龟变量，指明海龟面向的方向，该值在 [0，360]。0 是北，90 是东，等等。设置这个变量实现海龟转动。

另见 right，left，dx，dy.

例子：

```
set heading 45      ;; turtle is now facing northeast
set heading heading + 10 ;; same effect as "rt 10"
```

hidden?

hidden?

这是一个内置的海龟或链变量，是一个布尔值（true 或 false），指明海龟或链当前是否隐藏（即不可见）。设置这个变量使海龟或链消失或出现。

另见 hide-turtle，show-turtle，hide-link，show-link.

例子；

```
set hidden? not hidden?
;; if turtle was showing, it hides, and if it was hiding,
;; it reappears
```

hide-link

hide-link

链使自己不可见。

注意：该命令等价于设置链变量 "hidden?" 为 true 。

另见 show-link.

hide-turtle

ht

hide-turtle

海龟使自己不可见。

注意：该命令等价于设置海龟变量 "hidden?" 为 true 。

另见 show-turtle.

histogram

histogram list

将给定列表中的值表达为直方图。

直方图显示列表值的频率分布。柱形的高度表示落到每个区间的数值数量。

首先，在绘制直方图之前，以前所有当前画笔画出的点被删除。

列表中的非数值型值忽略。

直方图由当前画笔和当前画笔颜色在当前绘图上画出。使用 set-plot-x-range 控制要画成直方图的数值范围，设置画笔间隔（直接使用 set-plot-pen-interval，或用 set-histogram-num-bars 间接设置）控制要分成多少个区间。

确认如果要用柱形绘制，当前画笔应在 bar 模式（模式 1）。

对直方图，绘图的 X 范围不包括最大 X 值，等于最大 X 值的数落在直方图范围之外。

```
histogram [color] of turtles
;; draws a histogram showing how many turtles there are
;; of each color
```

home

> **home**
>
> 调用海龟移动到原点 (0，0)，等价于 setxy 0 0。

hsb

> **hsb** *hue saturation brightness*
>
> 返回用 HSB 格式给定颜色的 RGB 列表。Hue，saturation，brightness 是 0–255 范围内的整数。RGB 列表包含处于相同范围的三个整数。
>
> 另见 rgb.

hubnet–broadcast

> **hubnet–broadcast** *tag–name value*
>
> 从 NetLogo 广播 value，在计算器 HubNet 是到变量，在计算机 HubNet 是到界面元素，带着客户端的名字 tag-name。
>
> 详情和教学见 HubNet Authoring Guide.

hubnet–broadcast–clear–output

> **hubnet–broadcast–clear–output**
>
> 这回将打印区的所有信息清除。
>
> 另见 hubnet–broadcast–message，hubnet–send–clear–output.

hubnet–broadcast–message

> **hubnet–broadcast–message** *value*
>
> 会在打印区域打印所有文本的值，和 "Broadcast Message" 在 HubNet Control Center 有相同功效。
>
> 另见：hubnet–send–message.

hubnet–clear–override
hubnet–clear–overrides

> **hubnet–clear–override** *client agent–or–set variable–name*
>
> **hubnet–clear–overrides** *client*

另见：hubnet-send-override.

hubnet-clients-list

hubnet-clients-list

报告一个有所有用户姓名的列表和 HubNet server 相连。

hubnet-enter-message?

hubnet-enter-message?

如果有一个新的计算机客户进入仿真，返回 true，否则返回 false。hubnet-message-source 将包含刚登录客户的用户名。

详情和教学请见：HubNet Authoring Guide.

hubnet-exit-message?

hubnet-exit-message?

如果有一个计算机客户退出仿真，返回 true，否则返回 false。hubnet-message-source 将包含刚退出客户的用户名。

详情和教学请见：HubNet Authoring Guide.

hubnet-fetch-message

hubnet-fetch-message

如果有客户发来的新数据，则取出下一条数据，这样就可以被 hubnet-message，hubnet-message-source，和 hubnet-message-tag 访问。如果没有来自客户的新数据则出错。

细节见 HubNet Authoring Guide.

hubnet-kick-client

hubnet-kick-client client-name

hubnet-kick-all-clients

hubnet-kick-all-clients

hubnet-message

hubnet-message

返回 hubnet-fetch-message 取得的信息。

细节见：HubNet Authoring Guide.

hubnet-message-source

hubnet-message-source

返回 hubnet-fetch-message 所获得消息的发送客户名。

细节见：HubNet Authoring Guide.

hubnet-message-tag

hubnet-message-tag

返回 hubnet-fetch-message 取得数据相关联的标志（tag）。对计算器 HubNet，返回由 hubnet-set-client-interface 设置的一个变量名。对计算机 HubNet，返回客户界面上界面元素的一个显示名。

细节见 HubNet Authoring Guide.

hubnet-message-waiting?

hubnet-message-waiting?

查看客户发送的新消息。如果有新消息，返回 true，否则返回 false。

细节见：HubNet Authoring Guide.

hubnet-reset

hubnet-reset

启动 HubNet 系统。除了 hubnet-set-client-interface 外，HubNet 必须启动才能使用其他的 Hubnet 原语。

细节见：HubNet Authoring Guide.

hubnet-reset-perspective

hubnet-reset-perspective *tag-name*

请见：hubnet-send-watch hubnet-send-follow.

hubnet-send

  hubnet-send *string tag-name value*

  hubnet-send *list-of-strings tag-name value*

对字符串 string，从 NetLogo 发送 value 到具有用户名 string 的客户上的 tag-name。

对字符串列表 list-of-strings，从 NetLogo 发送 value 到所有列表中用户名客户上。

如果发送到不存在的客户，则产生 hubnet-exit-message 消息。

细节见：HubNet Authoring Guide.

hubnet-send-clear-output

  hubnet-send-clear-output *string*

  hubnet-send-clear-output *list-of-strings*

会将文本区域的所有用户信息都清除。

请见：hubnet-send-message，hubnet-broadcast-clear-output.

hubnet-send-follow

  hubnet-send-follow *client-name agent radius*

另见：hubnet-send-watch，hubnet-reset-perspective.

hubnet-send-message

  hubnet-send-message *string value*

将用户的特殊值在文本区域打印出来。

另见：hubnet-broadcast-message.

hubnet-send-override

  hubnet-send-override *client-name agent-or-set variable-name* [*reporter*]

```
ask turtles [ hubnet-send-override client-name self "color" [ red ] ]
```

在例子中，假设海龟本身和用户名是相关的，所有的海龟都是蓝色的。当用户本身出现在视野中的时候，编码使得每个用户相关的海龟变成红色。

另见：hubnet-clear-overrides.

hubnet-send-watch

hubnet-send-watch *client-name agent*

告诉用户和 *client-name* 联系来观察 *agent*。

另见：hubnet-send-follow，hubnet-reset-perspective.

hubnet-set-client-interface

hubnet-set-client-interface *client-type client-info*

如果 client-type 是 "COMPUTER"，client-info 是对计算机 HubNet 的一个空列表。

```
hubnet-set-client-interface "COMPUTER" []
```

未来的 HubNet 会支持其他客户类型。即使是计算机 HubNet，第 2 个输入项的含义也可能改变。

细节见：HubNet Authoring Guide.

I

if

if *condition* [*commands*]

Reporter must report a boolean (true or false) value.

If *condition* reports true, runs *commands*.

报告器必须返回一个布尔值 (true 或 false)。

```
if xcor > 0[ set color blue ]
;; turtles in the right half of the world
;; turn blue
```

请见：ifelse，ifelse-value.

ifelse

ifelse *reporter* [*commands*1] [*commands*2]

报告器必须返回一个布尔值 (true 或 false)。

如果 condition 为 true，运行 commands。

如果为 false，运行 *commands*2。

报告器可能对不同的主体返回不同的值，因此有些主体会执行 commands1，有些会执行 commands2。

```
ask patches
  [ ifelse pxcor > 0
    [ set pcolor blue ]
    [ set pcolor red ] ]
;; the left half of the world turns red and
;; the right half turns blue
```

请见：if, ifelse-value.

ifelse-value

ifelse-value *reporter* [*reporter*1] [*reporter*2]

报告器必须返回一个布尔值 (true 或 false)。

如果 reporter 返回 true，结果是 reporter1 的值。

如果 reporter 返回 false，结果是 reporter2 的值。

当报告器需要条件项，而不允许使用命令（如 ifelse）时，该原语可以用上。

```
ask patches [
  set pcolor ifelse-value (pxcor > 0) [blue] [red]]
;; the left half of the world turns red and
;; the right half turns blue
show n-values 10 [ifelse-value (? < 5) [0] [1]]
=> [0 0 0 0 0 1 1 1 1 1]
show reduce [ifelse-value (?1 > ?2) [?1] [?2]]
  [1 3 2 5 3 8 3 2 1]
```

=> 8

请见 : if, ifelse.

import-drawing

import-drawing *filename*

将一个图像文件读到画图层（drawing），对图像进行缩放使它的尺寸与世界一致，维持原来的长宽比。图像在画图层的中心。以前的画图不清除。

主体感知不到画图层的存在，因此不能处理由 import-drawing 读入的图像，也不能与图像交互。如果需要主体感知图像，使用 import-pcolors 或 import-pcolors-rgb。

支持的图像文件格式有 : BMP, JPG, GIF, PNG。如果图像格式支持透明（alpha），这些信息也会输入。

import-pcolors

import-pcolors *filename*

读入图像文件，将它缩放到与瓦片网格尺寸一致，维持原来的长宽比，将所得的像素颜色传递给瓦片。图像位于瓦片网格的中心。因为 NetLogo 的颜色空间没有包括所有颜色，所以最后得到的瓦片颜色可能有失真。（参见编程指南的颜色部分）。对有些图像 import-pcolors 可能较慢，特别是当瓦片很多、图像包括很多颜色时。

因为 import-pcolors 设置了瓦片的 pcolor，因此主体可以感知到图像。如果主体需要分析、处理图像或以其他方式与图像交互，该命令很有用。如果只想简单地显示没有颜色失真的背景图像，则使用 import-drawing。

支持的图像文件格式有 : BMP, JPG, GIF, PNG。如果图像格式支持透明（alpha），则所有的透明像素被忽略。（部分透明像素被作为不透明处理）

import-pcolors-rgb

import-pcolors-rgb *filename*

读入图像文件，将它缩放到与瓦片网格尺寸一致，维持原来的长宽比，将所得的像素颜色传递给瓦片。图像位于瓦片网格的中心。与 import-pcolors 不同，该命令能得到准确的原图像颜色。所有瓦片的 pcolor 是一个 RGB 列表，而不是（近似的）NetLogo 颜色。

支持的图像文件格式有：BMP，JPG，GIF，PNG。如果图像格式支持透明（alpha），则所有的透明像素被忽略。（部分透明像素被作为不透明处理）

import-world

import-world *filename*

从给定名字的外部文件读所有变量到模型之中，包括内置变量和用户定义变量，所有的观察者、海龟、瓦片变量。外部文件的格式应与 export-world 产生的格式相一致。

注意该原语的功能也可在 NetLogo 的文件菜单直接得到。

在使用 import-world 时，为避免出错，应按顺序执行下面几步：

1. 打开创建了输出文件的模型

2. 按下 setup 按钮，让模型处于可运行状态

3. 输入文件

4. 再次打开所有模型里使用 file-open 命令打开的文件

5. 如果需要，按下 go 按钮让模型在中断处开始继续运行。

如果要输入的文件不在模型目录，则使用全路径名。参见 export-world 的例子。

in-cone

agentset **in-cone** *distance angle*

这个报告器让海龟在它前方形成锥形视场 5（"cone of vision"）。用两个输入参数定义锥形，即视距（半径）和视角。视角的中心是海龟的当前方向，大小从 0-360.（如果是 360，则等价于圆形视场 in-radius）

in-cone 返回一个主体集合，该集合仅包含原集合中落在锥形之内的主体。（可能包含调用者自身）

到瓦片的距离从瓦片中心算起。

```
ask turtles
  [ ask patches in-cone 360
    [ set pcolor red ] ]
```

```
;; each turtle makes a red "splotch" of patches in a 60 degree
;; cone of radius 3 ahead of itself
```

in-<breed>-neighbor?
in-link-neighbor?

in-<breed>-neighbor? *agent*
in-link-neighbor? *turtle*

如果从 turtle 到调用者有一条有向链，则返回 true。

```
crt 2
ask turtle 0 [
    create-link-to turtle 1
    show in-link-neighbor? turtle 1  ;; prints false
    show out-link-neighbor? turtle 1 ;; prints true
]
ask turtle 1 [
    show in-link-neighbor? turtle 0  ;; prints true
    show out-link-neighbor? turtle 0 ;; prints false
]
```

in-<breed>-neighbors
in-link-neighbors

in-<breed>-neighbors
in-link-neighbors

返回一个海龟主体集合，如果存在从该海龟到调用者的有向链，则该海龟进入主体集合。

```
crt 4
ask turtle 0 [ create-links-to other turtles ]
ask turtle 1 [ ask in-link-neighbors [ set color blue ] ] ;; turtle 0 turns blue
```

in-<breed>-from

in-link-from

in-<breed>-from *turtle*

in-link-from *turtle*

返回从 turtle 到调用者的链。如果没有链存在则返回 nobody。

```
crt 2
ask turtle 0 [ create-link-to turtle 1 ]
ask turtle 1 [ show in-link-from turtle 0 ] ;; shows link 0 1
ask turtle 0 [ show in-link-from turtle 1 ] ;; shows nobody
```

请见：out-link-to link-with.

__includes

__includes [*filename ...* **]**

将外部 NetLogo 源文件（后缀为 .nls）包含到模型之中。外部文件可以包括种类、变量、例程定义。每个文件只能使用一次 __includes。

in-radius

agentset in-radius *number*

返回原主体集合中那些与调用者距离小于等于 number 的主体形成的集合。（可能包含调用者自身）

与瓦片的距离根据瓦片中心计算。

```
ask turtles
  [ ask patches in-radius 3
    [ set pcolor red ] ]
;; each turtle makes a red "splotch" around itself
```

inspect

inspect *agent*

对给定的主体（海龟或瓦片）打开主体监视器（monitor）。

```
inspect patch 2 4

;; an agent monitor opens for that patch

inspect one-of sheep

;; an agent monitor opens for a random turtle from

;; the "sheep" breed
```

int

> **int** *number*

返回数值的整数部分——小数部分丢弃。

```
show int 4.7
=> 4
show int -3.5
=> -3
```

is-agent?

is-agentset?

is-boolean?

is-<*breed*>?

is-command-task?

is-directed-link?

is-link?

is-link-set?

is-list?

is-number?

is-patch?

is-patch-set?

is-reporter-task?

is-string?

is-turtle?

is-turtle-set?

is-undirected-link?

    is-agent? *value*

    is-agentset? *value*

    is-boolean? *value*

    is-<*breed*>? *value*

    is-command-task? *value*

    is-directed-link? *value*

    is-link? *value*

    is-link-set? *value*

    is-list? *value*

    is-number? *value*

    is-patch? *value*

    is-patch-set? *value*

    is-reporter-task? *value*

    is-string? *value*

    is-turtle? *value*

    is-turtle-set? *value*

    is-directed-link? *value*

如果 value 是给定的类型，返回 true，否则返回 false。

item

    item *index list*

    item *index string*

对列表，返回列表某索引项的值。

对字符串，返回字符串某索引项的字符。

注意索引从 0 开始，而不是从 1 开始。（第一项索引为 0，第二项索引为 1，⋯）

```
;; suppose mylist is [2 4 6 8 10]
show item 2 mylist
=> 6
```

```
show item 3 "my-shoe"
=> "s"
```

J

jump

jump *number*

海龟立即前进 number 单位（而不是像 forward 命令那样每次 1 步）

如果因拓扑限制无法跳 number 步，则海龟根本不动。

另见 forward, can-move?.

L

label

label

这是一个内置的海龟或链变量，它可以保存任何类型的值。给定的值将以文本形式与海龟附着在一起，出现在视图中。通过设置变量值来增加、改变或去除海龟或链的标签。

另见 label-color, plabel, plabel-color.

例子：

```
ask turtles [ set label who ]
;; all the turtles now are labeled with their
;; who numbers
ask turtles [ set label "" ]
;; all turtles now are not labeled
```

label-color

label-color

这是一个内置的海龟或链变量，它保存一个大于等于 0 小于 140 的值。这个数值决定了海龟或链标签的颜色（如果有标签的话）。通过设置该变量的值改变海龟或链标签的颜色。

另见 label，plabel，plabel-color.

例子：

```
ask turtles [ set label-color red ]
;; all the turtles now have red labels
```

last

last *list*

last *string*

对列表，返回最后一项。

对字符串，返回仅包含原字符串最后一个字符的单字符字符串。

layout-circle

layout-circle *agentset radius*

layout-circle *list-of-turtles radius*

以给定的半径将给定的海龟集合按圆形排列，圆心是世界中心处的瓦片。（如果世界尺寸是偶数，则圆心四舍五入到最近瓦片），海龟指向外部。

如果第一个输入参数是主体集合，则海龟以随机顺序排列。

如果第一个输入参数是列表，则从圆形的顶部开始，海龟们按给定的顺序顺时针排列。（列表中不是海龟的项被忽略）

```
;; in random order
layout-circle turtles 10
;; in order by who number
layout-circle sort turtles 10
;; in order by size
layout-circle sort-by [[size] of ?1 < [size] of ?2] turtles 10
```

layout-radial

layout-radial *turtle-set link-set root-agent*

以放射树状布局排列 turtle-set 中的海龟，这些海龟通过 link-set 的链相连。布局的中心是 root-agent，该主体移动到世界视图的中心。

仅有 link-set 中的链用来决定布局。如果链所连接的海龟没有包含在 turtle-set 中，这些海龟将保持不动。

即使网络中有回路（cycle）并不是真正的树结构，该布局仍然可用，不过结果可能不美观。

```
to make-a-tree
  set-default-shape turtles "circle"
  crt 6
  ask turtle 0 [
    create-link-with turtle 1
    create-link-with turtle 2
    create-link-with turtle 3
  ]
  ask turtle 1 [
    create-link-with turtle 4
    create-link-with turtle 5
  ]
  ; do a radial tree layout, centered on turtle 0
  layout-radial turtles links (turtle 0)
end
```

layout-spring

layout-spring *turtle-set link-set spring-constant spring-length repulsion-constant*

排列 turtle-set 中的海龟，link-set 中的链就像弹簧，海龟之间互斥。与 link-set 中的链有连接但却不在 turtle-set 中的海龟被当作锚点，保持不动。

spring-constant 是弹簧紧度（"tautness"）指标，是改变长度时的阻力，是弹簧长度改变 1 个单位时产生的力。

spring-length 是弹簧的零力长度（"zero-force"）或自然长度。这是弹簧节点受拉或受压时弹簧试图保持的长度。

repulsion-constant 是节点间斥力指标，是相距单位长度的两个节点之间的斥力。

斥力试图将两个节点尽量分开，以免挤在一起。弹簧试图将所连接的两个节点保持一定的距离。综合的结果就是整个网络布局突出了节点之间的关系，不太拥挤，又美观。

布局算法基于 Fruchterman-Reingold 算法。关于算法的详细信息参见 here。

```
to make-a-triangle
    set-default-shape turtles "circle"
    crt 3
    ask turtle 0
    [create-links-with other turtles]
    ask turtle 1
    [create-link-with turtle 2 ]
    repeat 30 [ layout-spring turtles links 0.2 5 1 ] ;; lays the nodes in a triangle
end
```

layout-tutte

layout-tutte *turtle-set link-set radius*

与 link-set 中的链有连接但却不在 turtle-set 中的海龟，按给定的 radius，呈圆形布局。主体集合中必须至少 3 个主体。

turtle-set 中的海龟以下列方式布局：每个海龟被放置到由与它相连的邻居所形成的多边形的质心（centroid）。（质心类似 2 维上邻居坐标的平均）

（锚点主体（"anchor agents"）形成的圆形用来防止所有海龟坍塌到一点）

经过几次迭代，布局变稳定。

该布局得名于数学家 William Thomas Tutte，是他提出了这种图布局方法。

```
to make-a-tree
    set-default-shape turtles "circle"
    crt 6
```

```
ask turtle 0 [
    create-link-with turtle 1
    create-link-with turtle 2
    create-link-with turtle 3
]
ask turtle 1 [
    create-link-with turtle 4
create-link-with turtle 5
]
; place all the turtles with just one
; neighbor on the perimeter of a circle
; and then place the remaining turtles inside
; this circle, spread between their neighbors.
repeat 10 [ layout-tutte (turtles with [link-neighbors = 1]) links 12 ]
end
```

left

lt

left *number*

海龟左转 number 度。（如果 number 为负，则右转）

length

length *list*

length *string*

返回给定列表的项数，或给定字符串的字符数。

let

let *variable value*

创建一个新的局部变量并赋值。局部变量仅存在于闭合的命令块中。

如果后面要改变该局部变量的值，使用 set。

例子：

```
let prey one-of sheep-here
if prey != nobody
  [ ask prey [ die ] ]
```

link

link *end1 end2 <breed> end1 end2*

给定端点的 who number，返回连接这两个海龟的链。如果没有满足条件的链，则返回 nobody。要引用有种类的链，必须与端点一起使用种类的单数形式。

```
ask link 0 1 [ set color green ]
;; unbreeded link connecting turtle 0 and turtle 1 will turn green
ask directed-link 0 1 [ set color red ]
;; directed link connecting turtle 0 and turtle 1 will turn red
```

另见 patch-at.

link-heading

link-heading

返回链从 end1 到 end2 所在方向的度数（至少为 0，小于 360）。如果端点在相同位置，则抛出运行错误。

```
ask link 0 1 [ print link-heading ]
;; prints [[towards other-end] of end1] of link 0 1
```

另见 link-length.

link-length

link-length

返回链的两个端点之间的距离。

```
ask link 0 1 [ print link-length ]
;; prints [[distance other-end] of end1] of link 0 1
```

另见 link-heading.

link-set

> **link-set** *value*
>
> (**link-set** *value1 value2 ...*)

返回输入参数中的所有链组成的集合。输入可以是单个链、链主体集合、nobody，或者是包括上面所有类型的列表 (或嵌套列表)。

> link-set self
>
> link-set [my-links] of nodes with [color = red]

另见 turtle-set，patch-set.

link-shapes

> **link-shapes**

返回一个字符串列表，该列表包含模型中的所有链图形。

可以创建新图形，或从其他模型输入。在链图形编辑器 Link Shapes Editor 中操作。

> show link-shapes
>
> => ["default"]

links

> **links**

返回由所有链组成的主体集合。

> show count links
>
> ;; prints the number of links

links-own

***<link-breeds>*-own**

> links-own [var1 ...]
>
> <link-breeds>-own [var1 ...]

该关键词与 globals，breed，-own，turtles-own，patches-own 一样，只能在程序的首部使用，位于所有例程定义之前。它定义属于每个链的变量。

如果指定了种类，只有那个种类的链具有所定义的链变量。（多个种类可能有相同的变量）

```
undirected-link-breed [sidewalks sidewalk]
directed-link-breed [streets street]
links-own [traffic]   ;; applies to all breeds
sidewalks-own [pedestrians]
streets-own [cars bikes]
```

list

list *value1 value2*
(list *value1* ...)

返回包含给定项的列表。列表项可以是任何类型，可以由任何种类的报告器生成。

```
show list (random 10) (random 10)
=> [4 9]  ;; or similar list
show (list 5)
=> [5]
show (list (random 10) 1 2 3 (random 10))
=> [4 1 2 3 9]  ;; or similar list
```

ln

ln *number*

返回 number 的自然对数，即以 e (2.71828...) 为底的对数。

另见 e, log.

log

log *number base*

返回以 base 为底 number 的对数。

```
show log 64 2
```

```
=> 6
```

另见 <u>ln.</u>

loop

loop [*commands*]

不断重复运行命令块，或者一直运行，直到通过使用 stop 或 report 使当前例程退出。

注意：一般应使用永久性按钮实现重复运行，其优点在于可以通过点击按钮停止循环。

lput

lput *value list*

在列表尾部增加一项 value，并返回新列表。

```
;; suppose mylist is [2 7 10 "Bob"]
set mylist lput 42 mylist
;; mylist now is [2 7 10 "Bob" 42]
```

M

map

map *reporter–task list*

(**map *reporter–task list*1 ...)**

在列表尾部增加一项 value，并返回新列表。

```
show map round [1.1 2.2 2.7]
=> [1 2 3]
show map [? * ?] [1 2 3]
=> [1 4 9]
```

如果给定多个列表，则对所有列表形成的每一组运行给定的报告器。因此对所有列表的第一项运行一次，第二项运行一次，等等。所有列表必须有相同的项数。

下面的例子帮我们弄得明白一些：

```
show (map + [1 2 3] [2 4 6])
=> [3 6 9]
show (map [?1 + ?2 = ?3] [1 2 3] [2 4 6] [3 5 9])
=> [true false true]
```

另见：foreach，?.

max

max *list*

返回列表中的最大数值，忽略其他非数值型项。

```
show max [xcor] of turtles
;; prints the x coordinate of the turtle which is
;; farthest right in the world
```

max-n-of

max-n-of *number agentset* [*reporter*]

返回一个包含 number 个主体的主体集合，该集合由 agentset 中具有最高 reporter 值的主体组成。主体集合的构造方法是：找出具有最高 reporter 值的主体，如果不足 number 个，则继续寻找次高值，依次进行。最后，如果具有同一数值的主体有多个，如果都选入导致总数超过 number，则随机选出所需个数的主体。

```
;; assume the world is 11 x 11
show max-n-of 5 patches [pxcor]
;; shows 5 patches with pxcor = max-pxcor
show max-n-of 5 patches with [pycor = 0] [pxcor]
;; shows an agentset containing:
;; (patch 1 0) (patch 2 0) (patch 3 0) (patch 4 0) (patch 5 0)
```

另见 max-one-of，with-max.

max-one-of

max-one-of *agentset* [*reporter*]

返回主体集合中具有最高 reporter 返回值的主体。如果具有最高值的主体有多个，则随机选出一个。如果想得到所有具有最高值的主体，使用 with-max 。

```
show max-one-of patches [count turtles-here]

;; prints the first patch with the most turtles on it
```

另见 max-n-of, with-max.

max-pxcor

max-pycor

max-pxcor

max-pycor

返回瓦片的最大 x 坐标和最大 y 坐标，它们决定世界的大小。

与老版本 NetLogo 不同，当前版本中原点不一定位于世界中心。然而，最大 x 坐标和最大 y 坐标必须大于等于 0。

注意：仅通过编辑视图就能设置世界大小——these are reporters which cannot be set.

```
crt 100 [ setxy random-float max-pxcor
          random-float max-pycor ]
;; distributes 100 turtles randomly in the
;; first quadrant
```

另见 min-pxcor, min-pycor, world-width, and world-height.

mean

mean *list*

返回给定列表各项的统计平均值，忽略非数值项。均值即各项之和除以项数。

```
show mean [xcor] of turtles
;; prints the average of all the turtles' x coordinates
```

median

median *list*

返回给定列表中各数值项的中位数，忽略非数值项。中位数就是将各项按顺序排列后的中间项。（如果中间是两项，则取二者的平均）

```
show median [xcor] of turtles
;; prints the median of all the turtles' x coordinates
```

member?

member? *value list*
member? *string1 string2*
member? *agent agentset*

对列表，如果给定的 value 在列表中则返回 true，否则返回 false。

对字符串，判断 string1 是否是 string2 的子串。

对主体集合，判断给定的主体是否在主体集合之中。

```
show member? 2 [1 2 3]
=> true
show member? 4 [1 2 3]
=> false
show member? "bat" "abate"
=> true
show member? turtle 0 turtles
=> true
show member? turtle 0 patches
=> false
```

另见 position.

min

min *list*

返回列表中的最小数值，忽略其他类型的项。

```
show min [xcor] of turtles
;; prints the lowest x-coordinate of all the turtles
```

min-n-of

min-n-of *number agentset* [*reporter*]

返回一个包含 number 个主体的主体集合，该集合由 agentset 中具有最小 reporter 值的主体组成。主体集合的构造方法是：找出具有最小 reporter 值的主体，如果不足 number 个，则继续寻找次小值，依次进行。最后，如果具有同一数值的主体有多个，如果都选入导致总数超过 number，则随机选出所需个数的主体。

```
;; assume the world is 11 x 11
show min-n-of 5 patches [pxcor]
;; shows 5 patches with pxcor = min-pxcor
show min-n-of 5 patches with [pycor = 0] [pxcor]
;; shows an agentset containing:
;; (patch -5 0) (patch -4 0) (patch -3 0) (patch -2 0) (patch -1 0)
```

另见 min-one-of，with-min。

min-one-of

min-one-of *agentset* [*reporter*]

返回主体集合中具有最小 reporter 返回值的主体。如果具有最小值的主体有多个，则随机选出一个。如果想得到所有具有最小值的主体，使用 with-min。

```
show min-one-of turtles [xcor + ycor]
;; reports the first turtle with the smallest sum of
;; coordinates
```

另见 with-min，min-n-of。

min-pxcor

min-pycor

min-pxcor

min-pycor

返回瓦片的最小 x 坐标和最小 y 坐标，它们决定世界的大小。

与老版本 NetLogo 不同，当前版本中原点不一定位于世界中心。然而，最小 x 坐标和最小 y 坐标必须小于等于 0。

注意：仅通过编辑视图就能设置世界大小——these are reporters which cannot be set.

```
crt 100 [ setxy random-float min-pxcor
          random-float min-pycor ]
;; distributes 100 turtles randomly in the
;; third quadrant
```

另见 max-pxcor, max-pycor, world-width, and world-height.

mod

*number*1 **mod** *number*2

返回 number1 模除 number2：即 number1 (mod number2) 的余数。与下面的代码等价：

```
number1 - (floor (number1 / number2)) * number2
```

注意 mod 是中缀运算，在两个输入参数之间。

```
show 62 mod 5
=> 2
show -8 mod 3
=> 1
```

另见 remainder。mod 和 remainder 对正数一样，但对负数不一样。

modes

modes *list*

返回 list 中出现次数最多的项 6（一项或多项）所组成的列表。

输入参数列表可以包括任何类型 NetLogo 值。

如果输入列表是空列表，则返回空列表。

```
show modes [1 2 2 3 4]
```

```
=> [2]
show modes [1 2 2 3 3 4]
=> [2 3]
show modes [ [1 2 [3]] [1 2 [3]] [2 3 4] ]
=> [[1 2 [3]]
show modes [pxcor] of turtles
;; shows which columns of patches have the most
;; turtles on them
```

mouse-down?

mouse-down?

如果鼠标按钮按下则返回 true，否则返回 false。

注意：如果鼠标指针在当前视图之外，mouse-down? 总返回 false。

mouse-inside?

mouse-inside?

如果鼠标指针在当前视图之内则返回 true，否则返回 false。

mouse-xcor

mouse-ycor

mouse-xcor

mouse-ycor

返回 2 维视图中鼠标的 x 或 y 坐标。坐标值采用海龟坐标，因此不必是整数。如果想得到瓦片坐标，使用 round mouse-xcor 和 round mouse-ycor。

注意：如果鼠标不在 2 维视图中，返回它最后一刻在视图中的坐标值。

```
;; to make the mouse "draw" in red:
if mouse-down?
   [ ask patch mouse-xcor mouse-ycor [ set pcolor red ] ]
```

move-to

> **move-to agent**
>
> 海龟将其 x 和 y 坐标设置为与给定主体 agent 的相同。
>
> （如果给定主体是瓦片，则效果就是海龟移动到瓦片中心）

```
move-to turtle 5

;; turtle moves to same point as turtle 5

move-to one-of patches

;; turtle moves to the center of a random patch

move-to max-one-of turtles [size]

;; turtle moves to same point as biggest turtle
```

> 注意海龟的方向未变。也许需要先使用 face 命令将海龟的方向调整为运动方向。
>
> 另见 setxy.

movie-cancel

> **movie-cancel**
>
> 取消当前电影。

movie-close

> **movie-close**
>
> 停止录制当前电影。

movie-grab-view

movie-grab-interface

> **movie-grab-view**
>
> **movie-grab-interface**
>
> 将一幅当前视图或界面面板的图像添加到当前电影。

```
;; make a 20-step movie of the current view

setup

movie-start "out.mov"
```

```
repeat 20 [
    movie-grab-view
    go
]
movie-close
```

movie-set-frame-rate

movie-set-frame-rate *frame-rate*

设置当前电影的帧频，帧频单位是每秒多少帧。（如果不明确设置帧频，默认为 15 帧 / 秒）

该命令必须在 movie-start 之后，movie-grab-view 或 movie-grab-interface 之前调用。

另见 movie-status.

movie-start

movie-start *filename*

创建一个新电影。电影保存到 filename 指定的 QuickTime 文件，该文件的后缀应为 ".mov".

另见 movie-grab-view，movie-grab-interface，movie-cancel，movie-status，movie-set-frame-rate，movie-close.

movie-status

movie-status

返回一个描述当前电影的字符串。

```
print movie-status
=> No movie.
movie-start
print movie-status
=> 0 frames; frame rate = 15.
movie-grab-view
```

```
print movie-status
1 frames; frame rate = 15; size = 315x315.
```

my-<breeds>

my-links

> **my-<breeds>**
>
> **my-links**
>
> 返回与调用者连接的所有无向链组成的主体集合。

```
crt 5
ask turtle 0
[
    create-links-with other turtles
    show my-links ;; prints the agentset containing all links
                ;; (since all the links we created were with turtle 0 )
]
ask turtle 1
[
    show my-links ;; shows an agentset containing the link 0 1
]
end
```

my-in-<breeds>

my-in-links

> **my-in-<breeds>**
>
> **my-in-links**
>
> 返回所有从其他节点出发到达调用者的有向链组成的主体集合。

```
crt 5
ask turtle 0
[
```

```
    create-links-to other turtles
    show my-in-links ;; shows an empty agentset
  ]
  ask turtle 1
  [
    show my-in-links ;; shows an agentset containing the link 0 1
  ]
```

my-out-\<breeds\>

my-out-links

  my-out-\<breeds\>

  my-out-links

返回所有从调用者出发到达其他节点的有向链组成的主体集合。

```
crt 5
ask turtle 0
[
  create-links-to other turtles
  show my-out-links ;; shows agentset containing all the links
]
ask turtle 1
[
  show my-out-links ;; shows an empty agentset
]
```

myself

  myself

"self" 与 "myself" 大不相同。 "self" 很简单，就是指我（"me"）。 "myself" 是指"请求我做目前正在做的事情的海龟或瓦片"。

当主体被请求运行代码时，在代码中使用 myself 返回发出请求的主体（海龟或瓦片）。

myself 经常与 of 一起使用，用来读取或设置请求发出主体的变量。

myself 不仅可以用在 ask 命令的代码块里，还可用在 hatch，sprout，of，with，all?，with-min，with-max，min-one-of，max-one-of，min-n-of，max-n-of。

```
ask turtles
  [ ask patches in-radius 3
    [ set pcolor [color] of myself ] ]
;; each turtle makes a colored "splotch" around itself
```

在代码例子 "Myself Example" 里有许多实例

另见 self.

N

n-of

n-of *size agentset*

n-of *size list*

对主体集合，从输入主体集合中随机选取（不重复）size 个主体组成一个主体集合，返回该主体集合。

对列表，从输入列表中随机选取（不重复)size 项组成一个列表，返回该列表。结果列表中各项的顺序与原列表中的顺序一致。（如果需要随机顺序，对结果使用 shuffle）

如果 size 大于输入集合（列表）的项数，则出错。

```
ask n-of 50 patches [ set pcolor green ]
;; 50 randomly chosen patches turn green
```

另见 one-of.

n-values

n-values *size reporter-task*

返回一个项数为 size 的列表，其中的各项是重复运行 reporter 得到的。

在 reporter 中使用？引用当前被计算过的项数，项数从 0 开始。

```
show n-values 5 [1]
=> [1 1 1 1 1]
show n-values 5 [?]
=> [0 1 2 3 4]
show n-values 3 turtle
=> [(turtle 0) (turtle 1) (turtle 2)]
show n-values 5 [? * ?]
=> [0 1 4 9 16]
```

另见 reduce, filter, ?.

neighbors

neighbors4

neighbors

neighbors4

返回由 8 个相邻瓦片（邻元）或 4 个相邻瓦片（邻元）组成的主体集合。

```
show sum [count turtles-here] of neighbors
    ;; prints the total number of turtles on the eight
    ;; patches around this turtle or patch
show count turtles-on neighbors
    ;; a shorter way to say the same thing
ask neighbors4 [ set pcolor red ]
    ;; turns the four neighboring patches red
```

<breed>-neighbors

link-neighbors

<breed>-neighbors

link-neighbors

返回与调用海龟相连的所有无向链上另一端海龟组成的主体集合。

```
crt 3
ask turtle 0
[
    create-links-with other turtles
    ask link-neighbors [ set color red ] ;; turtles 1 and 2 turn red
]
ask turtle 1
[
    ask link-neighbors [ set color blue ] ;; turtle 0 turns blue
]
end
```

<breed>-neighbor?
link-neighbor?

<breed>-neighbor? *turtle*
link-neighbor? *turtle*

如果在 turtle 和调用者之间有无向链，则返回 true。

```
crt 2
ask turtle 0
[
    create-link-with turtle 1
    show link-neighbor? turtle 1  ;; prints true
]
ask turtle 1
[
    show link-neighbor? turtle 0     ;; prints true
]
```

NetLogo–applet?

NetLogo–applet?

如果模型以 applet 方式运行则返回 true 。

NetLogo–version

NetLogo–version

返回包含当前运行的 NetLogo 版本号的字符串。

```
show NetLogo–version
=> "5.0"
```

new–seed

new–seed

返回一个适合作为随机数发生器种子的数值。

new-seed 产生的数值基于当前日期和时间的毫秒数，并且在 NetLogo 允许的整数范围 –9007199254740992 到 9007199254740992 内。

new–seed 相连的两个返回值不会相同。（实现方法是如果当前毫秒数产生的种子已经用过，则再等一个毫秒）

另见 random-seed.

no–display

no–display

关闭当前视图的更新，直到发出 display 命令。有两个主要用途：

一、控制用户在什么时刻看到更新。我们可能在视图后面改变许多东西，不想让用户看到，然后一下子全显示出来。

二、如果关闭视图更新，则模型运行更快。如果我们很忙的话，该命令能让我们更快地得到结果。（注意一般不需使用 no-display 命令，我们可以使用视图控制条上的 on/off 开关）

注意 display 与 no–display 和视图控制条上的视图冻结开关相互独立。

另见 display.

nobody

nobody

这是一个特殊值，有些原语如 turtle，one-of，max-one-of 等用来说明没有找到主体。另外，当主体死亡后，它也等于 nobody 。

注意：空主体集合不等于 nobody ，如果要测试主体集合是否为空，使用 any?。只有预期得到单一主体的地方才可能得到 nobody 。

```
set other one-of other turtles-here
if other != nobody
    [ ask other [ set color red ] ]
```

no-links

no-links

返回一个空的链主体集合。

no-patches

no-patches

返回一个空的瓦片主体集合。

not

not *boolean*

如果 boolean 为 false 返回 true，否则返回 false。

```
if not any? turtles [ crt 10 ]
```

no-turtles

no-turtles

R 返回一个空的海龟主体集合。

O

of

[*reporter*] of *agent*

[*reporter*] of *agentset*

对主体，返回 agent（海龟或瓦片）的 reporter 值。

```
show [pxcor] of patch 3 5

;; prints 3

show [pxcor] of one-of patches

;; prints the value of a random patch's pxcor variable

show [who * who] of turtle 5

=> 25

show [count turtles in-radius 3] of patch 0 0

;; prints the number of turtles located within a

;; three-patch radius of the origin
```

对主体集合，返回一个列表，该列表包括主体集合中所有主体的 reporter 值（随机顺序）。

```
crt 4

show sort [who] of turtles

=> [0 1 2 3]

show sort [who * who] of turtles

=> [0 1 4 9]
```

one-of

one-of *agentset*

one-of *list*

对主体集合，返回随机选择的一个主体。如果主体集合为空，返回 nobody。

对列表，返回随机选择的一个列表项。如果列表为空则出错。

```
ask one-of patches [ set pcolor green ]
```

```
;; a random patch turns green
ask patches with [any? turtles-here]
  [ show one-of turtles-here ]
;; for each patch containing turtles, prints one of
;; those turtles


;; suppose mylist is [1 2 3 4 5 6]
show one-of mylist
;; prints a value randomly chosen from the list
```

另见 n-of.

or

*boolean*1 or *boolean*2

如果 boolean1 或 boolean2 之一或全部为 true，则返回 true 。

注意如果 condition1 为 true，condition2 不再执行（因为对结果无影响）

```
if (pxcor > 0) or (pycor > 0) [ set pcolor red ]
;; patches turn red except in lower-left quadrant
```

other

other *agentset*

返回一个主体集合，该主体集合与输入主体集合相同，只是不包括调用主体。

```
show count turtles-here
=> 10
show count other turtles-here
=> 9
```

other-end

other-end

如果由海龟执行，返回请求链另一端的海龟。

如果由链执行，返回链上不是请求海龟的另一个海龟。

这些定义很难抽象理解，下面的例子对我们有所帮助：

```
ask turtle 0 [ create-link-with turtle 1 ]
ask turtle 0 [ ask link 0 1 [ show other-end ] ] ;; prints turtle 1
ask turtle 1 [ ask link 0 1 [ show other-end ] ] ;; prints turtle 0
ask link 0 1 [ ask turtle 0 [ show other-end ] ] ;; prints turtle 1
```

正如例子希望说明白的，另一端（"other" end）是既不是请求者也不是被请求者的端点。

out-<breed>-neighbor?

out-link-neighbor?

> **out-<breed>-neighbor?** *turtle*
>
> **out-link-neighbor?** *turtle*

如果从调用者到 turtle 有一条有向链，则返回 true。

```
crt 2
ask turtle 0 [
  create-link-to turtle 1
  show in-link-neighbor? turtle 1  ;; prints false
  show out-link-neighbor? turtle 1 ;; prints true
]
ask turtle 1 [
  show in-link-neighbor? turtle 0  ;; prints true
  show out-link-neighbor? turtle 0 ;; prints false
]
```

out-<breed>-neighbors

out-link-neighbors

> **out-<breed>-neighbors**
>
> **out-link-neighbors**

返回一个海龟主体集合，这些海龟有从调用者出发到达它的有向链。

```
crt 4
ask turtle 0
[
   create-links-to other turtles
   ask out-link-neighbors [ set color pink ] ;; turtles 1-3 turn pink
]
ask turtle 1
[
   ask out-link-neighbors [ set color orange ]  ;; no turtles change colors
                                                ;; since turtle 1 only has in-links
]
end
```

out-<breed>-to

out-link-to

> **out-<breed>-to** *turtle*
>
> **out-link-to** *turtle*

返回从调用者到 turtle 的链。如果没有链则返回 nobody 。

```
crt 2
ask turtle 0 [
   create-link-to turtle 1
   show out-link-to turtle 1 ;; shows link 0 1
]
ask turtle 1
[
   show out-link-to turtle 0 ;; shows nobody
]
```

另见 in-link-from link-with.

output-print

output-show

output-type

output-write

    output-print *value*

    output-show *value*

    output-type *value*

    output-write *value*

这些命令与 print，show，type，write 相同，只不过 value 不是显示在命令中心，而是在模型的输出区域。（如果模型没有独立的输出区域，则显示在命令中心）

P

patch

    patch *xcor ycor*

给出点的 x 和 y 坐标，返回包含该点的瓦片。（此处为绝对坐标，而不是像 patch-at 那样基于调用主体的相对坐标）

如果 x 和 y 是整数，该点就是瓦片的中心。如果不是整数，四舍五入为整数，确定瓦片。

如果世界拓扑允许回绕，坐标会回绕到世界之内。如果不允许回绕而坐标超出世界范围，则返回 nobody。

```
ask patch 3 -4 [ set pcolor green ]
;; patch with pxcor of 3 and pycor of -4 turns green
show patch 1.2 3.7
;; prints (patch 1 4); note rounding
show patch 18 19
;; supposing min-pxcor and min-pycor are -17
;; and max-pxcor and max-pycor are 17,
;; in a wrapping topology, prints (patch -17 -16);
```

```
;; in a non-wrapping topology, prints nobody
```

另见 patch-at.

patch-ahead

patch-ahead *distance*

返回沿调用海龟当前方向前方给定距离处的单个瓦片。如果超出世界范围，瓦片不存在，则返回 nobody。

```
ask patch-ahead 1 [ set pcolor green ]
;; turns the patch 1 in front of this turtle
;;   green; note that this might be the same patch
;;   the turtle is standing on
```

另见 patch-at, patch-left-and-ahead, patch-right-and-ahead, patch-at-heading-and-distance.

patch-at

patch-at *dx dy*

返回相对调用者 (dx, dy) 处的瓦片，即距离调用主体东方 dx、北方 dy 的瓦片。如果该点超出了非回绕世界的边界，因此没有这样的瓦片，则返回 nobody。

```
ask patch-at 1 -1 [ set pcolor green ]
;; if caller is a turtle or patch, turns the
;;   patch just southeast of the caller green
```

另见 patch, patch-ahead, patch-left-and-ahead, patch-right-and-ahead, patch-at-heading-and-distance.

patch-at-heading-and-distance

patch-at-heading-and-distance *heading distance*

patch-at-heading-and-distance 返回沿给定绝对方向离调用海龟或瓦片给定距离处的单个瓦片。（与 patch-left-and-ahead 和 patch-right-and-ahead 相反，此处不考虑调用主体的当前方向）。如果因超出世界范围而瓦片不存在，则返回 nobody。

> ask patch–at–heading–and–distance –90 1 [set pcolor green]
>
> ;; turns the patch 1 to the west of this patch green

另见 patch, patch–at, patch–left–and–ahead, patch–right–and–ahead.

patch–here

patch–here

返回海龟下方的瓦片。

注意瓦片不能用该报告器，因为瓦片只能说 "self"

patch–left–and–ahead
patch–right–and–ahead

patch–left–and–ahead *angle distance*

patch–right–and–ahead *angle distance*

返回沿调用海龟当前方左转或右转给定角度（度数），相距给定距离处的单个瓦片。如果因超出世界范围而瓦片不存在，则返回 nobody 。

（如果想在绝对方向寻找瓦片，而不是与当前海龟方向的相对方向，则使用 patch–at–heading–and–distance)

> ask patch–right–and–ahead 30 1 [set pcolor green]
>
> ;; this turtle "looks" 30 degrees right of its
>
> ;;　current heading at the patch 1 unit away，and turns
>
> ;;　that patch green; note that this might be the same
>
> ;;　patch the turtle is standing on

另见 patch, patch–at, patch–at–heading–and–distance.

patch–set

patch–set *value*1

(patch–set value1 *value2 ...***)**

返回一个包含所有输入瓦片的主体集合。输入可以是单个瓦片、瓦片主体集合、nobody 以及包含以上任何项的列表（或嵌套列表）。

```
patch-set self
patch-set patch-here
(patch-set self neighbors)
(patch-set patch-here neighbors)
(patch-set patch 0 0 patch 1 3 patch 4 -2)
(patch-set patch-at -1 1 patch-at 0 1 patch-at 1 1)
patch-set [patch-here] of turtles
patch-set [neighbors] of turtles
```

另见 turtle-set，link-set.

patch-size

patch-size

返回瓦片在当前像素的视图下的大小。这个大小一般为整数，但有时候也会是浮点型数据。

另见 set-patch-size.

patches

patches

返回包含所有瓦片的主体集合。

patches-own

patches-own [*var*1 ...]

该关键词与 globals，breed，-own，turtles-own 一样，只能用在程序首部，在任何例程定义之前。它定义所有瓦片可用的变量。

所有瓦片将具有给定的变量，能够使用该变量。

所有瓦片变量可以由瓦片上方的海龟访问。

另见 globals，turtles-own，breed，*<breeds>*-own.

pcolor

pcolor

215

这是一个内置瓦片变量，保存瓦片的颜色。设置这个变量改变瓦片颜色。

所有瓦片变量可以由瓦片上方的海龟直接访问。颜色可以用 NetLogo 颜色（一个数值）或 RGB 颜色（3 个数的列表）。细节见编程指南的颜色部分 Colors section。

另见 color.

pen-down
pd
pen-erase
pe
pen-up
pu

    pen-down

    pen-erase

    pen-up

海龟改变画线模式：画线、擦线、既不画也不擦。线总是显示在瓦片之上和海龟之下。要改变笔的颜色，则使用 set color 改变海龟的颜色。

注意：当海龟画笔放下时，所有的移动命令导致画线，包括 jump, setxy 和 move-to。

注意：这些命令等价于设置海龟变量 "pen-mode" 为 "down", "up", "erase"。

注意：在 Windows 上画线和擦线可能不会擦除所有像素。

pen-mode

这是一个内置海龟变量，保存海龟画笔的状态。设置该变量进行画线、擦线或既不画也不擦，可能的值为 "up", "down", "erase"。

pen-size

这是一个内置海龟变量，保存线宽的像素数。当画笔放下（或擦除）时用来画线（擦线）。

plabel

plabel

这是一个内置瓦片变量，可能保存任何类型的值。给定的值以文本形式与瓦片附着在一起，显示在视图中。设置该变量来增加、改变、移除瓦片的标签。

所有瓦片变量可以由瓦片上方的海龟直接访问。

另见 plabel-color, label, label-color.

plabel-color

plabel-color

这是一个内置瓦片变量，保存一个大于等于 0 小于 140 的数值。该数值决定了瓦片标签的颜色（如果有标签的话）。设置该变量改变瓦片标签的颜色。

所有瓦片变量可以由瓦片上方的海龟直接访问。

另见 plabel, label, label-color.

plot

plot *number*

画笔的 x 值增加 plot-pen-interval，在新的 x 值以及 y 值为 number 处画一个点。（在绘图上第一次使用该命令时，x 值是 0）

plot-name

plot-name

返回当前绘图的名字（字符串）。

plot-pen-exists?

plot-pen-exists? *string*

如果当前绘图中存在给定名字的画笔则返回 true，否则返回 false。

plot-pen-down
plot-pen-up

plot-pen-down
plot-pen-up

放下（抬起）当前画笔，实现画（不画）图。（默认所有画笔初始时是放下的）

217

plot-pen-reset

> **plot-pen-reset**

清除当前画笔画过的所有东西，移到 (0，0) 处，放下。如果画笔是永久画笔，则根据绘图编辑对话框中的设置，将画笔的颜色和模式设为默认值。

plotxy

> **plotxy** *number*1 *number*2

将当前画笔移动到坐标 (number1，number2)。如果画笔是放下的，则绘制线、条形、点 (取决于笔的模式)。

plot-x-min

plot-x-max

plot-y-min

plot-y-max

> **plot-x-min**
>
> **plot-x-max**
>
> **plot-y-min**
>
> **plot-y-max**

返回当前绘图的 x、y 轴最小、最大值。

这些值可以使用 set-plot-x-range 和 set-plot-y-range 命令设置。(它们的默认值在绘图编辑对话框中设置)

position

> **position** *item list*
>
> **position** *string*1 *string*2

对列表，返回 item 在 list 第一次出现的位置，如果没出现则返回 false。

对字符串，返回 string1 作为子串第一次在 string2 中出现的位置，如果没出现则返回 false。

注意 : 位置编号从 0 开始。

```
;; suppose mylist is [2 7 4 7 "Bob"]
```

```
show position 7 mylist
=> 1
show position 10 mylist
=> false
show position "in" "string"
=> 3
```

另见 member?.

precision

precision *number places*

返回将 number 四舍五入到小数点后 places 位的值。

如果 places 是负数，舍入发生在小数点前几位。

```
show precision 1.23456789 3
=> 1.235
show precision 3834 –3
=> 4000
```

另见 round, ceiling, floor.

print

print *value*

在命令中心显示 value，后跟回车。

与 show 不同，value 前不显示调用主体。

另见 show, type, and write.

另见 output–print.

pxcor

pycor

pxcor

pycor

这些是内置瓦片变量，保存瓦片的 x，y 坐标，它们总是整数。因为瓦片不会移动，所以不能设置这些变量。

pxcor 大于等于 min-pxcor，小于等于 max-pxcor；pycor 大于等于 min-pycor，小于等于 max-pycor。

所有瓦片变量可以由瓦片上方的海龟直接访问。

另见 xcor，ycor.

R

random

random *number*

如果 number 为正，返回大于等于 0、小于 number 的一个随机整数。

如果 number 为负，返回小于等于 0、大于 number 的一个随机整数。

如果 number 为 0，返回 0。

注意：在 NetLogo2.0 前，如果给定非整数输入，则返回浮点数。现在不是这样了。如果要得到浮点数，必须使用 random-float.

```
show random 3
;; prints 0, 1, or 2
show random -3
;; prints 0, -1, or -2
show random 3.5
;; prints 0, 1, 2, or 3
```

另见 random-float.

random-float

random-float *number*

如果 number 为正，返回大于等于 0、小于 number 的一个随机浮点数。

如果 number 为负，返回小于等于 0、大于 number 的一个随机浮点数。

如果 number 为 0，返回 0。

```
show random-float 3
```

```
;; prints a number at least 0 but less than 3,
;; for example 2.589444906014774
show random-float 2.5
;; prints a number at least 0 but less than 2.5,
;; for example 1.0897423196760796
```

random-exponential

random-gamma

random-normal

random-poisson

> **random-exponential** *mean*
>
> **random-gamma** *alpha lambda*
>
> **random-normal** *mean standard-deviation*
>
> **random-poisson** *mean*

根据均值 mean 返回服从相应分布的随机数，对正态分布还要给出标准差 standard-deviation。

random-exponential 返回服从指数分布的随机浮点数。

random-gamma 返回服从伽马分布的随机浮点数，分布参数由浮点数 alpha 和 lambda 给出，二者必须大于 0。（如果已知均值和方差的话，输入形式为 alpha = mean * mean / variance; lambda = 1 / (variance / mean)）

random-normal 返回服从正态分布的随机浮点数。

random-poisson 返回服从 Poisson-distributed 的随机整数。

```
show random-exponential 2
;; prints an exponentially distributed random floating
;; point number with a mean of 2
show random-normal 10.1 5.2
;; prints a normally distributed random floating point
;; number with a mean of 10.1 and a standard deviation
;; of 5.2
```

```
show random-poisson 3.4
;; prints a Poisson-distributed random integer with a
;; mean of 3.4
```

random-pxcor
random-pycor

> **random-pxcor**
> **random-pycor**

返回一个随机整数，处于 min-pxcor(或 -y) 到 max-pxcor 或 -y) 的闭区间

```
ask turtles [
    ;; move each turtle to the center of a random patch
    setxy random-pxcor random-pycor
]
```

另见 random-xcor, random-ycor.

random-seed

> **random-seed** *number*

将伪随机数发生器的种子设为 number 的整数部分。种子可以是 NetLogo 整数区间 (-9007199254740992 到 9007199254740992) 中的任何整数。

细节参见编程指南的随机数 Random Numbers 部分 .

```
random-seed 47822
show random 100
=> 50
show random 100
=> 35
random-seed 47822
show random 100
=> 50
show random 100
=> 35
```

random-xcor

random-ycor

random-xcor

random-ycor

返回海龟 x 或 y 坐标允许范围内的随机浮点数。

海龟水平坐标从 min-pxcor – 0.5（含）到 max-pxcor + 0.5（不含）；垂直坐标为 min-pycor – 0.5（含）到 max-pycor + 0.5（不含）。

```
ask turtles [
    ;; move each turtle to a random point
    setxy random-xcor random-ycor
]
```

另见 random-pxcor, random-pycor.

read-from-string

read-from-string *string*

将给定的字符串解释为命令中心的输入，返回结果值。结果可能是数值、列表、字符串、布尔值，或特殊值 "nobody"。

与 user-input 一起使用，可以将用户输入转化为可用形式。

```
show read-from-string "3" + read-from-string "5"
=> 8
show length read-from-string "[1 2 3]"
=> 3
crt read-from-string user-input "Make how many turtles?"
;; the number of turtles input by the user
;; are created
```

reduce

reduce *reporter-task list*

使用 reporter 从左到右缩减列表，得到一个单值。含义为，例如 reduce [?1 +

?2] [1 2 3 4] 等价于 (((1 + 2) + 3) + 4)。如果列表只有 1 项，返回该项。如果对空列表缩减，则出错。

在 reporter 中使用 ?1 和 ?2 引用要组合的两个对象。

很难直接说明 reduce 的含义，下面有一些例子，尽管不太实用，但可以让我们理解该原语的含义。

```
show reduce + [1 2 3]
=> 6
show reduce – [1 2 3]
=> –4
show reduce [?2 – ?1] [1 2 3]
=> 2
show reduce [?1] [1 2 3]
=> 1
show reduce [?2] [1 2 3]
=> 3
show reduce sentence [[1 2] [3 [4]] 5]
=> [1 2 3 [4] 5]
show reduce [fput ?2 ?1] (fput [] [1 2 3 4 5])
=> [5 4 3 2 1]
```

还有一些更实用的例子：

```
;; find the longest string in a list
to-report longest-string [strings]
  report reduce
    [ifelse-value (length ?1 >= length ?2) [?1] [?2]]
    strings
end

show longest-string ["hi" "there" "!"]
=> "there"
```

```
;; count the number of occurrences of an item in a list
to-report occurrences [x the-list]
    report reduce
      [ifelse-value (?2 = x) [?1 + 1] [?1]] (fput 0 the-list)
end

show occurrences 1 [1 2 1 3 1 2 3 1 1 4 5 1]
=> 6

;; evaluate the polynomial, with given coefficients, at x
to-report evaluate-polynomial [coefficients x]
    report reduce [(x * ?1) + ?2] coefficients
end

;; evaluate 3x^2 + 2x + 1 at x = 4
show evaluate-polynomial [3 2 1] 4
=> 57
```

remainder

remainder *number*1 *number*2

返回 number1 除以 number2 的余数。等价于下面的代码：

```
number1 − (int (number1 / number2)) * number2
show remainder 62 5
=> 2
show remainder −8 3
=> −2
```

另见 mod. 对整数 mod 和 remainder 一样，但对负数不一样。

remove

remove *item list*

remove *string1 string2*

对列表，返回去除 list 中所有 item 实例的列表拷贝。

对字符串，返回从 string2 中去除了所有 string1 子串的字符串拷贝。

```
set mylist [2 7 4 7 "Bob"]
set mylist remove 7 mylist
;; mylist is now [2 4 "Bob"]
show remove "to" "phototonic"
=> "phonic"
```

remove–duplicates

remove–duplicates *list*

对列表去除所有重复项，但每项的第一个位置保留。

```
set mylist [2 7 4 7 "Bob" 7]
set mylist remove-duplicates mylist
;; mylist is now [2 7 4 "Bob"]
```

remove–item

remove–item *index list*

remove–item *index string*

对列表，去除 list 给定索引项，返回列表的拷贝。

对字符串，去除 string2 给定索引处的字符，返回字符串的拷贝。

注意索引从 0 开始。(第一项索引是 0)

```
set mylist [2 7 4 7 "Bob"]
set mylist remove-item 2 mylist
;; mylist is now [2 7 7 "Bob"]
show remove-item 2 "string"
=> "sting"
```

repeat

repeat *number* [*commands*]

运行 commands 共 number 次。

```
pd repeat 36 [ fd 1 rt 10 ]
;; the turtle draws a circle
```

replace–item

replace–item *index list value*

replace–item *index string*1 *string*2

对列表，替换索引指定的项。索引从 0 开始（列表的第 6 项索引为 5）。注意 "replace-item" 与 "set" 一起改变列表。

对字符串作用相似，只是 string1 给定索引处的字符被去除，而 string2 插进来。

```
show replace–item 2 [2 7 4 5] 15
=> [2 7 15 5]
show replace–item 1 "cat" "are"
=> "caret"
```

report

report *value*

立即从当前 to-report 例程退出，返回 value 作为例程的结果。report 和 to-report 总是一起使用。在 to-report 讨论了它们的使用。

reset–perspective
rp

reset–perspective

观察者停止观察、跟随、乘骑任何海龟（或瓦片）。（如果观察者没有观察、跟随、乘骑任何主体，则什么也不发生）。在 3 维视图，观察者还要返回默认位置。（在原点上方，向下直视）

See also follow, ride, watch.

reset–ticks

reset–ticks

将时钟计数器重设为 0。

另见 clear–ticks, tick, ticks, tick–advance, setup–plots. update–plots.

reset–timer

reset–timer

将计时器重设为 0。另见 timer.

注意计时器与时钟计数器不同。计时器用秒计量逝去的真实时间，而时钟计数器用滴答计量逝去的模型时间。

resize–world

resize–world *min–pxcor max–pxcor min–pycor max–pycor*

改变瓦片网格的大小。

副作用是所有的乌龟和连接都不存在了。

另见 set–patch–size.

reverse

reverse *list*

reverse *string*

返回颠倒过来的列表拷贝。

```
show mylist
;; mylist is [2 7 4 "Bob"]
set mylist reverse mylist
;; mylist now is ["Bob" 4 7 2]
show reverse "live"
=> "evil"
```

rgb

rgb *red green blue*

当三个数描述 RGB 颜色时，返回一个 RGB 列表。数值范围为 0–255。

另见 hsb.

ride

ride *turtle*

将视角设到 turtle 。

每次 turtle 移动，观察者也移动。这样在 2 维视图，海龟总是停留在视图的中心。在 3 维视图，好像是从海龟的眼睛看世界。如果海龟死亡，视角设为默认。

另见 reset-perspective, watch, follow, subject.

ride-me

ride-me

请求观察者乘骑调用海龟。

另见 ride.

right
rt

right *number*

海龟右转 number 度。（如果 number 为负，则左转）

round

round *number*

返回接近 number 的整数。

如果小数部分恰好是 0.5，则正向取整（rounded in the positive direction）。

注意正向取整与其他软件程序可能会不一致。（特别是与 StarLogoT 不一样，StarLogoT 总是舍入到最接近的偶数）。这样做与 NetLogo 里海龟坐标和瓦片坐标的关系匹配。例如，如果海龟 x 坐标是 –4.5，则它在 x 坐标为 –4 和 –5 的两个瓦片边界处，我们认为海龟在 –4 的瓦片上，因为我们正向取整。

```
show round 4.2
=> 4
show round 4.5
=> 5
show round −4.5
=> −4
```

另见 precision, ceiling, floor.

run
runresult

run *command−task*

run *string*

runresult *reporter−task*

runresult *string*

将给定字符串解释为一个或多个命令序列，然后运行。

将给定字符串解释为一个或多个命令序列，然后运行。

代码在主体的当前上下文中运行，即能访问局部变量、"myself" 等。 注意不能使用 run 定义或重定义例程。 代码必须先被编译，这要花费时间，编译后的二进制代码被 NetLogo 缓存，因此如果重复运行同样的字符串则会快得多。 注意用 run 或 runresult 运行代码要比直接运行这些代码慢很多倍。

可能时建议不使用 string。 （一个我们如果接受使用模型的代码就必须要使用 string 的例子）

S

scale-color

scale-color *color number range*1 *range*2

返回明暗与 number 成正比的 color 色。

number 是一个主体变量，但是必须是数字型。

如果 range1 < range2，number 越大，颜色越亮。如果 range 1 > range2，则相反。

如果 number < range1，则为最暗的 color 色。

如果 number > range1，则为最亮的 color 色。

注意：对明暗无关的颜色，例如 green and green + 2 一样，使用同样的色谱。

```
ask turtles [ set color scale-color red age 0 50 ]
;; colors each turtle a shade of red proportional
;; to its value for the age variable
```

self

self

返回本海龟或瓦片。

"self" 与 "myself" 大不相同。 "self" 很简单，就是指我（"me"）。 "myself" 是指 "请求我做目前正在做的事情的海龟或瓦片"

另见 myself.

; (semicolon)

; _comments_

本行分号后的内容被忽略。分号用来为程序增加 "注释" - 为人类读者解释代码。 可以增加多余的分号增加美观性。

NetLogo 的 Edit 菜单有对整块代码增加、去除注释的菜单项。

sentence
se

sentence _value1_ _value2_
(sentence _value1_ ...)

根据输入值创建列表。如果某个输入值是列表，该列表的项直接包含在结果列表中，而不是作为嵌套列表。下面的例子清楚地说明了这一点：

```
show sentence 1 2
=> [1 2]
show sentence [1 2] 3
=> [1 2 3]
```

```
show sentence 1 [2 3]
=> [1 2 3]
show sentence [1 2] [3 4]
=> [1 2 3 4]
show sentence [[1 2]] [[3 4]]
=> [[1 2] [3 4]]
show (sentence [1 2] 3 [4 5] (3 + 3) 7)
=> [1 2 3 4 5 6 7]
```

set

set *variable value*

将变量 variable 设为给定值。

变量包括：

- 使用 "globals" 声明的全局变量
- 与滑动条、开关、选择器、输入框关联的全局变量
- 属于调用主体的变量
- 如果调用主体是海龟，海龟下面的瓦片变量
- 用 let 创建的局部变量
- 当前例程的输入

set-current-directory

set-current-directory *string*

设置 file-delete，file-exists?，file-open 使用的当前目录。

如果上述命令给出了绝对文件路径，则不使用当前目录。创建新模型时，当前目录默认为用户目录（user's home directory）。打开模型时当前目录为模型所在目录。

注意在 Windows 中，字符串中的反斜线需要加上另一个反斜线作为转义符，如 "C:\\"。

当前目录的改变是临时的，不会存在模型里。

注意：在 applet 里，该命令没有效果。因为 applet 只能从服务器的模型所在

目录读取文件。

```
set-current-directory "C:\\NetLogo"
;; Assume it is a Windows Machine
file-open "my-file.txt"
;; Opens file "C:\\NetLogo\\my-file.txt"
```

set-current-plot

set-current-plot *plotname*

将给定名字的绘图设置为当前绘图。后面的绘图命令将影响当前绘图。

set-current-plot-pen

set-current-plot-pen *penname*

将指定名字的画笔设为当前绘图的当前画笔。如果当前绘图没有这个画笔，则出现运行错误。

set-default-shape

set-default-shape turtles *string*

set-default-shape links *string*

set-default-shape breed *string*

对所有海龟或特定种类的海龟设定默认初始图形。当海龟创建或改变种类时，海龟被设置为给定图形。

该命令不会影响已存在的海龟，只对以后创建的海龟有影响。

指定的种类必须是海龟或是由 breed 关键字定义的种类，指定的字符串必须是当前定义的图形的名字。

在新模型里，所有海龟的默认图形是 "default"。

注意指定默认图形，不会妨碍我们以后改变单个海龟的图形，海龟不必一直使用所属种类的默认图形。

```
create-turtles 1 ;; new turtle's shape is "default"
create-cats 1    ;; new turtle's shape is "default"
```

```
set-default-shape turtles "circle"

create-turtles 1 ;; new turtle's shape is "circle"

create-cats 1    ;; new turtle's shape is "circle"


set-default-shape cats "cat"

set-default-shape dogs "dog"

create-cats 1   ;; new turtle's shape is "cat"

ask cats [ set breed dogs ]

    ;; all cats become dogs, and automatically

    ;; change their shape to "dog"
```

另见 shape.

set-histogram-num-bars

set-histogram-num-bars *number*

设置当前画笔的画图间隔，这样给定绘图的当前 x 范围后，如果调用直方图命令则会画出 number 个条形。

另见 histogram.

__set-line-thickness

__set-line-thickness *number*

指定海龟图形的线宽和轮廓。

默认值是 0，总是产生 1 个像素宽的线。

非 0 值使用瓦片宽度单位。例如宽度为 1，则画出 1 个瓦片宽的线。（一般使用较小的值，如 0.5，0.2）

线至少 1 个像素宽。

这是一个实验性命令，以后版本可能会修改。

set-patch-size

set-patch-size *size*

设定当前像素下视图中瓦片的大小。瓦片的大小一般为数值型，有时候也可能是浮点型。

另见 patch-size, resize-world.

set-plot-pen-color

set-plot-pen-color *number*

将当前绘图画笔的颜色设为 number。

set-plot-pen-interval

set-plot-pen-interval *number*

告诉当前画笔每次使用绘图命令时，在 x 方向移动 number。（画笔间隔也影响直方图命令的行为）

set-plot-pen-mode

set-plot-pen-mode *number*

设置当前画笔的绘制模式为 number。允许的画笔模式有：

- 0（线）：画笔画线将两点相连
- 1（条形）：画笔画一个条形，宽度为 plot-pen-interval，点作为条形的左上角（如果是负数，则为左下角）
- 2（点）：画笔只画点，点之间不连

新画笔的默认模式是 0 (line mode)。

setup-plots

setup-plots

运行每个画图的开始命令，包括画图中的所有画笔。

reset-ticks 也有相同的效果，所以在使用钟表计时器的模型中，这条原语就自然地被使用了。

见编程指南 Plotting section.

另见 update-plots.

set-plot-x-range

set-plot-y-range

> **set-plot-x-range** *min max*
>
> **set-plot-y-range** *min max*

设置当前绘图的 x、y 轴最小最大值。

改变是临时的，不会存在模型中。当绘图清除时，坐标范围恢复到绘图编辑对话框中设置的默认值。

setxy

> **setxy** *x y*

海龟将它的坐标设置为 x，y。

该命令等价于 set xcor x set ycor y，不过只使用一个时间步，而不是两个时间步。

如果 x，y 超出世界范围，NetLogo 抛出运行错误。

```
setxy 0 0
;; turtle moves to the middle of the center patch
setxy random-xcor random-ycor
;; turtle moves to a random point
setxy random-pxcor random-pycor
;; turtle moves to the center of a random patch
```

另见 move-to.

shade-of?

> **shade-of?** *color1 color2*

如果两个颜色属于同一色系（shades of one another），返回 true，否则返回 false。

```
show shade-of? blue red
=> false
show shade-of? blue (blue + 1)
=> true
show shade-of? gray white
=> true
```

shape

shape

这是一个内置海龟变量或链变量，保存海龟或链当前图形的名字。设置该变量改变它们的形状。除非使用 set-default-shape 指定不同的形状，否则新海龟或链的形状为 "default"。

例子：

```
ask turtles [ set shape "wolf" ]
;; assumes you have made a "wolf"
;; shape in NetLogo's Turtle Shapes Editor
ask links [ set shape "link 1" ]
;; assumes you have made a "link 1" shape in
;; the Link Shapes Editor
```

另见 set-default-shape, shapes.

shapes

shapes

返回模型中所包含的所有图形名称字符串的列表。

使用 Shapes Editor 能够创建新图形，也能从图形库或其他模型导入。

```
show shapes
=> ["default" "airplane" "arrow" "box" "bug" ...
ask turtles [ set shape one-of shapes ]
```

show

show value

在命令中心显示 value，前面加上调用主体，后跟回车。（调用主体用来帮我们跟踪哪个主体产生了哪行输出）。另外，与 write 相似，所有字符串有引号。

另见 print, type, and write.

另见 output-show.

show-turtle

st

> **show-turtle**
>
> 海龟再次变得可见。
>
> 注意：该命令等价于设置海龟变量 "hidden?" 为 false 。
>
> 另见 hide-turtle.

show-link

> **show-link**
>
> 链再次变得可见。
>
> 注意：该命令等价于设置链变量 "hidden?" 为 false 。
>
> 另见 hide-link.

shuffle

> **shuffle** *list*
>
> 返回一个包含原列表中的所有项，但各项随机排序的新列表。

```
show shuffle [1 2 3 4 5]
=> [5 2 4 1 3]
show shuffle [1 2 3 4 5]
=> [1 3 5 2 4]
```

sin

> **sin** *number*
>
> 返回给定角的正弦值，角度单位为度。

```
show sin 270
=> -1
```

size

> **size**
>
> 这是一个内置海龟变量，保存海龟的外观大小。默认是 1，意味着海龟大小与

瓦片一样。通过设置它改变海龟大小。

sort

    sort *list*

    sort *agentset*

返回数字、字符串或者主体的储存列表。

如果输入中不包含数字、字符串或者主体，那么结果就是个空列表。

如果输入包括至少一个数字，数字在列表中以升序排列，返回一个新的列表，没有数字的被忽略。

或者，如果输入包含至少一个字符串，列表中的字符串按照升序排列，并且返回一个新的列表，没有字符串的被忽略。

如果输入是主体集合或主体列表，返回主体列表（不会是主体集合）。如果主体是海龟，则它们根据 who number 升序排列。如果是瓦片，则从左到右，从上到下排列。

```
show sort [3 1 4 2]
=> [1 2 3 4]
let n 0
foreach sort patches [
    ask ? [
        set plabel n
        set n n + 1
    ]
]
;; patches are labeled with numbers in left-to-right,
;; top-to-bottom order
```

另见 sort-by, sort-on.

sort-by

    sort-by *reporter-task list*

    sort-by *reporter-task agentset*

如果输入是列表，返回一个包含原列表所有项，但由布尔型 reporter 定义顺序的新列表。

在 reporter，使用 ?1 和 ?2 引用所比较的两个对象，如果 ?1 严格地在 ?2 之前，则返回 true，否则返回 false。

如果输入是主体集合或主体列表，返回主体列表（不会是主体集合）。

排序是稳定的，即相等项的顺序不会被干扰。（The sort is stable, that is, the order of items considered equal by the reporter is not disturbed）

```
show sort-by < [3 1 4 2]
=> [1 2 3 4]
show sort-by > [3 1 4 2]
=> [4 3 2 1]
show sort-by [length ?1 < length ?2] ["Grumpy" "Doc" "Happy"]
=> ["Doc" "Happy" "Grumpy"]
```

另见 sort, sort-on.

sort-on

sort-on [*reporter*] *agentset*

返回主体的列表，按照每个主体的 reporter 的值来排序。随机断开约束。

值必须全部是数字或者全部是字符串或者全部是同种类的主体。

```
crt 3
show sort-on [who] [turtles]
=> [(turtle 0) (turtle 1) (turtle 2)]
show sort-on [(- who)] [turtles]
=> [(turtle 2) (turtle 1) (turtle 0)]
foreach sort-on [size] turtles
   [ ask ? [ do-something ] ]
;; turtles run "do-something" one at a time, in
;; ascending order by size
```

另见 sort, sort-by.

sprout
sprout-<*breeds*>

  sprout *number* [*commands*]

  sprout-<*breeds*> *number* [*commands*]

  在当前瓦片上创建 number 个新海龟。新海龟的方向是随机整数,颜色从 14 个主色中随机产生。海龟立即运行 commands,如果要给新海龟不同的颜色、方向等就比较有用。(新海龟是一次全部产生出来,然后以随机顺序每次运行 1 个)

  如果使用 sprout- 形式,则新海龟属于给定的种类。

```
sprout 5
sprout-wolves 10
sprout 1 [ set color red ]
sprout-sheep 1 [ set color black ]
```

  另见 create-turtles, hatch.

sqrt

  sqrt *number*

  返回 number 的方根。

stamp

  stamp

  调用海龟或链在画图层的当前位置留下一幅主体图形。

  注意:stamp 留下的图像在不同的计算机上可能不是逐个像素完全对应。

stamp-erase

  stamp-erase

  调用海龟或链在画图层里将它的图形范围内所有像素清除。

  注意:stamp 留下的图像在不同的计算机上可能不是逐个像素完全对应。

standard-deviation

  standard-deviation *list*

返回列表 list 里所有数值的无偏统计量 – 标准差。非数值型项忽略。

（注意这种对 sample 的方差估计，而不是对全部 population 的估计，使用的是 Bessel 的纠正）

```
show standard-deviation [1 2 3 4 5 6]
=> 1.8708286933869707
show standard-deviation [energy] of turtles
;; prints the standard deviation of the variable "energy"
;; from all the turtles
```

startup

startup

这是用户定义的例程。如果该例程存在的话，模型第一次加载时就调用该例程。

```
to startup
  setup
end
```

startup does not run when a model is run headless from the command line, or by parallel BehaviorSpace.

stop

stop

调用主体立即从闭合例程、ask、或类似 ask 的结构（crt, hatch, sprout, without-interruption）中退出。当前例程停止，而不是主体的所有运行都停止。execution for the agent.

```
if not any? turtles [ stop ]
;; exits if there are no more turtles
```

注意：可以使用 stop 停止一个永久性按钮。如果永久性按钮直接调用例程，当例程停止时，按钮停止。（在海龟或瓦片型永久性按钮中，直到所有海龟或瓦片停止后，按钮才停止 – 单个海龟或瓦片没有能力停止整个按钮）

subject

subject

返回观察者正在查看、跟随、乘骑的海龟（或瓦片）。如果没有这样的海龟（或瓦片）则返回 nobody if there is no such turtle (or patch).

另见 watch，follow，ride.

sublist

substring

sublist *list position*1 *position*2

substring *string position*1 *position*2

返回给定列表或字符串的一部分，范围从第一个位置（包括）到第二个位置（不包括）。

注意：位置编号从 0 开始，而不是从 1 开始。

```
show sublist [99 88 77 66] 1 3
=> [88 77]
show substring "apartment" 1 5
=> "part"
```

subtract-headings

subtract-headings *heading*1 *heading*2

计算给定的两个方向之差，即 heading2 旋转为 heading1 所需的最小角度。结果为正表示顺时针旋转，为负表示逆时针旋转。结果总在 –180 到 180，不会恰好为 –180。

注意，简单地对两个方向使用减法不会奏效。减法总是对应顺时针旋转，有时逆时针旋转角度更小。例如，5 度和 355 度之间的角度差是 10 度，而不是 –350 度。

```
show subtract-headings 80 60
=> 20
show subtract-headings 60 80
=> –20
```

```
show subtract-headings 5 355
=> 10
show subtract-headings 355 5
=> -10
show subtract-headings 180 0
=> 180
show subtract-headings 0 180
=> 180
```

sum

sum *list*

返回列表的各项之和。

```
show sum [energy] of turtles
;; prints the total of the variable "energy"
;; from all the turtles
```

T

tan

tan *number*

返回给定角的正切值，角的单位为度。

task

task [*commands*]
task [*reporter*]
task *command-name*
task *reporter-name*

创建并返回一个任务，命令任务或者返回任务，根据输入的不同而不同。

详见编程指南 Tasks section。

thickness

thickness

这是一个内置链变量，保存链的表观尺寸大小，该尺寸是相对于瓦片尺寸的一个数值。默认是 0，表示不管瓦片大小，链的宽度总是 1 像素。设置该变量改变链的粗细。

tick

tick

时钟计数器前进 1。

如果当前的计时器还没有启用，就使用 reset-ticks 会导致错误。

另见 ticks，tick-advance，reset-ticks，clear-ticks，update-plots.

tick-advance

tick-advance *number*

时钟计数器前进 number。 输入可以是整数或浮点数（有些模型将时间分割得更细）。输入不能为负。

如果当前的计时器还没有启用，就使用 reset-ticks 会导致错误。

不要刷新画图。

另见 tick，ticks，reset-ticks，clear-ticks.

ticks

ticks

返回时钟计数器的当前值。结果总是一个非负数值。

如果当前的计时器还没有启用，就使用 reset-ticks 会导致错误。

多数模型使用 tick 命令推进时钟，这样的话 ticks 总是返回整数。如果使用了 tick-advance 命令，则可能返回浮点数。

另见 tick，tick-advance，reset-ticks，clear-ticks.

tie

tie

将链的 end1 和 end2 端点捆绑在一起。如果是有向链，则 end1 为根海龟，

245

end2 为叶海龟。根海龟的运动影响叶海龟的位置和方向。如果是无向链，则捆绑是相互的，两个海龟都能作为根海龟或叶海龟，某个海龟的运动将影响另一个海龟的位置和方向。

当根海龟移动时，叶海龟也沿相同的方向移动相同的距离，叶海龟的方向不受影响。根海龟 forward，jump，以及设置 xcor 或 ycor 坐标都会产生这样的影响。

当根海龟左转或右转时，叶海龟围绕根海龟旋转相同的角度，叶海龟的方向也旋转相同的角度。

如果链死亡，捆绑关系消失。

```
crt 2 [ fd 3 ]
;; creates a link and ties turtle 1 to turtle 0
ask turtle 0 [ create-link-to turtle 1 [ tie ] ]
```

另见 untie.

tie-mode

tie-mode

这是一个内置链变量，保存链当前使用的捆绑模式名称字符串。使用 tie 和 untie 命令改变链的模式。也可以设置 tie-mode 为 "free"，实现两个海龟之间的非刚性连接（non-rigid joint）。（细节见编程指南 Tie section 部分）。默认情况下，链不捆绑。

另见 tie，untie.

timer

timer

返回自从上次使用 reset-timer 命令（或 NetLogo 启动）以来逝去的秒数。时钟最大的精度是毫秒。（是否能得到这个精度根据系统不同而不同，取决于所用的 Java 虚拟机）

另见 reset-timer.

注意 timer 与 tick counter 不同。Timer 计量逝去的真实秒数，而 tick counter 计量模型运行的滴答数。

to

to *procedure−name*

to *procedure−name* [*input*1 ...]

用来开始一个命令例程。

```
to setup
  clear−all
  crt 500
end


to circle [radius]
  crt 100 [ fd radius ]
end
```

to−report

to−report *procedure−name*

to−report *procedure−name* [*input*1 ...]

用来开始一个报告器例程。

例程体应使用 report 为例程返回一个值。见 report.

```
to−report average [a b]
  report (a + b) / 2
end


to−report absolute−value [number]
  ifelse number >= 0
    [ report number ]
    [ report (− number) ]
end


to−report first−turtle?
```

```
    report who = 0  ;; reports true or false
end
```

towards

towards *agent*

返回从本主体到给定主体的方向。

如果拓扑允许回绕并且回绕距离（穿越世界边缘）更短，towards 将使用回绕路径。

注意：当一个主体使用 towards 计算到自身的方向，或计算与处在同一位置的主体的方向时，会引起运行时间错误。

```
set heading towards turtle 1
;; same as "face turtle 1"
```

另见 face.

towardsxy

towardsxy *x y*

返回从海龟或瓦片到点 (x，y) 的方向。

如果拓扑允许回绕并且回绕距离（穿越世界边缘）更短，towardsxy 将使用回绕路径。

注意：计算主体到它所在点的方向将引起运行时间错误。

另见 facexy.

turtle

turtle *number* <breed> *number*

返回个顶数字的海龟，或者如果没有这个海龟的话，返回 nobody。对生出的海龟，我们也可以使用单个的生育模式来指代它们。

```
ask turtle 5 [ set color red ]
;; turtle with who number 5 turns red
```

turtle-set

> **turtle-set** *value*1
>
> **(turtle-set** *value*1 *value*2 **...)**

返回输入参数中所有海龟组成的主体集合。输入可以是单个海龟、海龟主体集合、nobody、或包含以上任何类型的列表（或嵌套列表）

> turtle-set self
> (turtle-set self turtles-on neighbors)
> (turtle-set turtle 0 turtle 2 turtle 9)
> (turtle-set frogs mice)

另见 patch-set, link-set.

turtles

> **turtles**

返回包含所有海龟的主体集合。

> show count turtles
> ;; prints the number of turtles

turtles-at

<breeds>-at

> **turtles-at** *dx dy*
>
> **<breeds>-at** *dx dy*

返回与调用者距离为 (dx，dy) 的瓦片上的海龟组成的主体集合。（如果调用者是海龟，结果可能包含调用者自身）

> create-turtles 5 [setxy 2 3]
> show count [turtles-at 1 1] of patch 1 2
> => 5

如果使用了种类名，则只有该种类的海龟被收集。

turtles-here

***<breed>*-here**

> **turtles-here**
>
> ***<breeds>*-here**

返回位于调用者瓦片上的所有海龟组成的主体集合。（如果调用者是海龟，则也包括它）

```
crt 10
ask turtle 0 [ show count turtles-here ]
=> 10
```

如果使用了种类名，则只有该种类的海龟被收集。

```
breed [cats cat]
breed [dogs dog]
create-cats 5
create-dogs 1
ask dogs [ show count cats-here ]
=> 5
```

turtles-on

***<breeds>*-on**

> **turtles-on agent**
>
> **turtles-on agentset**
>
> ***<breeds>*-on agent**
>
> ***<breeds>*-on agentset**

返回所给定的一个或多个瓦片上所有海龟组成的主体集合，或者与给定的海龟站在同一瓦片上的海龟主体集合。

```
ask turtles [
  if not any? turtles-on patch-ahead 1
    [ fd 1 ]
]
```

```
ask turtles [
  if not any? turtles-on neighbors [
    die-of-loneliness
  ]
]
```

如果使用了种类名，则只有该种类的海龟被收集。

turtles-own

<breeds>-own

turtles-own [var1 ...]

<breeds>-own [var1 ...]

该关键词与 globals，breed，-own，patches-own 一样，只能用在程序首部，位于任何例程定义之前。它定义属于每个海龟的变量。

如果指定了种类而不是海龟，则只有该种类的海龟拥有所列的变量。（多个种类可以有同一个变量）

```
breed [cats cat ]
breed [dogs dog]
breed [hamsters hamster]
turtles-own [eyes legs]   ;; applies to all breeds
cats-own [fur kittens]
hamsters-own [fur cage]
dogs-own [hair puppies]
```

另见 globals，patches-own，breed，<breeds>-own.

type

type value

在命令中心显示 value，不跟回车（与 print 和 show）不同）。由于没有回车，我们可以在一行中显示多项。

和 show 不同，在 value 前面不显示调用主体。

```
type 3 type " " print 4
=> 3 4
```

另见 print, show, and write.

另见 output-type.

U

undirected-link-breed

undirected-link-breed [<link-breeds> <link-breed>]

该关键词与 globals，breed 一样，只能用在程序首部，位于任何例程定义之前。它定义一个无向链种类。特定种类的链或者都是有向的，或者都是无向的。第一个输入项定义与该类链相关的主体集合名称，第二个输入项定义该种类成员的名称。

给定种类链的任何一个链：

● 是由种类链名命名的主体集合的一部分

● 有内置变量 breed 设为该主体集合

● 由关键词决定是有向的还是无向的

大多数情况下主体集合与 ask 一起使用，向特定种类链发出命令。

```
undirected-link-breed [streets street]
undirected-link-breed [highways highway]
to setup
  clear-all
  crt 2
  ask turtle 0 [ create-street-with turtle 1 ]
  ask turtle 0 [ create-highway-with turtle 1 ]
end

ask turtle 0 [ show sort my-links ]
;; prints [(street 0 1) (highway 0 1)]
```

另见 breed, directed-link-breed.

untie

untie

如果已经被捆绑，则该命令将 end2 从 end1 松开（设置 tie-mode 为 "none"）。如果是无向链，end1 也从 end2 松开。它不会移除两个海龟之间的链。

另见 tie.

细节参见编程指南的捆绑部分 Tie.

update-plots

update-plots

对每个画图运行刷新命令，包括每个图中的每个画笔。

tick 有相同的效果，所以再使用计时器的模型中，这条原语就自然地被使用了。

详见编程指南 Plotting section 。

另见 setup-plots.

uphill
uphill4

uphill *patch-variable*
uphill4 *patch-variable*

海龟移动到 patch-variable 最大的那个相邻瓦片上。如果没有哪个相邻瓦片变量比当前瓦片大，则保持不动。如果有几个瓦片有相同的最大值，则随机选择一个。非数值型值忽略。

uphill 考虑 8 个相邻瓦片，而 uphill4 考虑 4 个相邻瓦片。

等价于下面的代码（假设变量为数值型）

```
move-to patch-here  ;; go to patch center
let p max-one-of neighbors [patch-variable]  ;; or neighbors4
if [patch-variable] of p > patch-variable [
   face p
   move-to p
]
```

注意海龟总是停在瓦片中心，方向是 45（uphill）或 90(uphill4) 的倍数。

另见 downhill, downhill4.

user-directory

user-directory

打开一个对话框，让用户选择一个已存在的目录。

返回绝对路径字符串。如果用户取消选择，则返回 false。

```
set-current-directory user-directory

;; Assumes the user will choose a directory
```

user-file

user-file

打开一个对话框，让用户选择一个已存在的文件。

返回绝对路径文件名字符串。如果用户取消选择，则返回 false。

```
file-open user-file

;; Assumes the user will choose a file
```

user-new-file

user-new-file

打开一个对话框，让用户选择一个位置，并为新文件命名。返回绝对路径文件名字符串。如果用户取消选择，则返回 false。

```
file-open user-new-file

;; Assumes the user will choose a file
```

注意该报告器不会实际创建文件，正常情况下我们使用 file-open 创建文件，就像例子中那样。

如果用户选择了已有文件，会询问是否要替换，但该报告器不会实际替换文件，应使用 file-delete 实现替换。

user-input

user-input *value*

返回对话框中标题为 value 的输入域用户所输入的字符串。

value 可以是任何类型, 不过一般是字符串。

```
show user-input "What is your name?"
```

user-message

user-message *value*

打开一个对话框, 显示消息 value。

value 可以是任何类型, 不过一般是字符串。

```
user-message (word "There are " count turtles " turtles.")
```

user-one-of

user-one-of *value list-of-choices*

打开一个对话框, 显示消息 value, list-of-choices 显示为弹出菜单, 让用户选择。

返回用户选择的 list-of-choices 的项。

value 可以是任何类型, 不过一般是字符串。

```
if "yes" = user-one-of "Set up the model?" ["yes" "no"]
  [ setup ]
```

user-yes-or-no?

user-yes-or-no? *value*

根据用户对 value 的响应, 返回 true 或 false。

value 可以是任何类型, 不过一般是字符串。

```
if user-yes-or-no? "Set up the model?"
  [ setup ]
```

V

variance

variance *list*

返回列表中所有数值的样本方差。忽略非数值型项。

（注意这个计算的是样本方差的无偏估计，而不是整体的，使用的是 Bessel 的纠正）

样本方差是各个数值与均值之差的平方和，除以数值项数减 1。

```
show variance [2 7 4 3 5]
=> 3.7
```

W

wait

wait *number*

等待给定的秒数。（不必是整数，可以指定分数秒）。注意不能期望完全准确，主体等待的时间不会小于给定值，但可能稍微大于给定值。

```
repeat 10 [ fd 1 wait 0.5 ]
```

另见 every.

watch

watch *agent*

给 agent 打上聚光灯。在 3 维视图，观察者自动旋转，始终面对该主体。

另见 follow, subject, reset-perspective, watch-me.

watch-me

watch-me

请求观察者查看调用主体。

另见 watch.

while

while [*reporter*] [*commands*]

如果 reporter 返回 false，退出循环，否则重复运行 commands。

对不同的主体，reporter 可能返回不同的值，因此不同主体运行 commands 的次数可能不同。

```
while [any? other turtles-here]

  [ fd 1 ]

;; turtle moves until it finds a patch that has

;; no other turtles on it
```

who

who

这是一个内置海龟变量，保存海龟的 "who number" 或 ID 号，这是一个大于等于 0 的整数。不能设置该变量，海龟的 "who number" 不会改变。

Who numbers 从 0 开始。死亡海龟的号码不会分配给新海龟，除非使用 clear-turtles 或 clear-all 命令，使得重新从 0 开始编号。

例子：

```
show [who] of turtles with [color = red]

;; prints a list of the who numbers of all red turtles

;; in the Command Center, in random order

crt 100

  [ ifelse who < 50

    [ set color red ]

    [ set color blue ] ]

;; turtles 0 through 49 are red, turtles 50

;; through 99 are blue
```

可以使用海龟报告器返回给定 who number 的海龟。另见 turtle.

with

agentset **with [*reporter*]**

有两个输入参数，左边是一个主体集合（一般是 "turtles" 或 "patches" ），右边
是一个布尔型报告器。返回一个新的主体集合，集合中仅包含那些使报告器返回
true 的主体，换句话说，主体满足给定的条件。

```
show count patches with [pcolor = red]
;; prints the number of red patches
```

<breed>-with

link-with

<breed>-with *turtle*
link-with *turtle*

返回 turtle 和调用者之间的链。如果没有链则返回 nobody 。

```
crt 2
ask turtle 0 [
    create-link-with turtle 1
    show link-with turtle 1 ;; prints link 0 1
]
```

另见 in-link-from , out-link-to.

with-max

agentset **with-max [*reporter*]**

有两个输入参数，左边是一个主体集合（一般是 "turtles" 或 "patches" ），右边
是一个报告器。返回一个新的主体集合，集合中仅包含那些使报告器返回最大值
的主体。

```
show count patches with-max [pxcor]
;; prints the number of patches on the right edge
```

另见 max-one-of, max-n-of.

with−min

agentset **with−min** [*reporter*]

有两个输入参数，左边是一个主体集合（一般是 "turtles" 或 "patches"），右边是一个报告器。返回一个新的主体集合，集合中仅包含那些使报告器返回最小值的主体。

```
show count patches with−min [pycor]
;; prints the number of patches on the bottom edge
```

另见 min−one−of, min−n−of.

with−local−randomness

with−local−randomness [*commands*]

该处命令的运行不影响后面的随机事件。当要执行额外的操作（例如输出）而不想对模型输出产生影响时，使用这个命令。

例子：

```
;; Run #1:
random−seed 50 setup repeat 10 [ go ]
;; Run #2:
random−seed 50 setup
with−local−randomness [ watch one−of turtles ]
repeat 10 [ go ]
```

因为在 without−local−randomness 使用 one−of，两次运行是相同的。

该命令的工作原理是：在该命令之前记住随机数发生器的状态，运行后再恢复。（如果要用随机数发生器新的状态运行该命令，在命令开始处使用 random−seed new−seed）

下面的例子演示了在命令运行前后随机数发生器的状态一样。

```
random−seed 10
with−local−randomness [ print n−values 10 [random 10] ]
;; prints [8 9 8 4 2 4 5 4 7 9]
print n−values 10 [random 10]
;; prints [8 9 8 4 2 4 5 4 7 9]
```

without–interruption

without–interruption [*commands*]

主体运行块中的命令时不允许其他主体使用 ask-concurrent 打断。也就是说，其他主体被挂起（"on hold"），直到块中的命令执行完。

注意：这个命令只有与 ask-concurrent 一起使用才有用。在以前的 NetLogo 版本中，经常需要该命令，但在 NetLogo 4.0 中，只有使用 ask-concurrent 时才可能需要它。

另见 ask-concurrent.

word

word *value1 value2*
(word *value1* ...)

将输入项连在一起，作为字符串返回。

```
show word "tur" "tle"
=> "turtle"
word "a" 6
=> "a6"
set directory "c:\\foo\\fish\\"
show word directory "bar.txt"
=> "c:\foo\fish\bar.txt"
show word [1 54 8] "fishy"
=> "[1 54 8]fishy"
show (word 3)
=> "3"
show (word "a" "b" "c" 1 23)
=> "abc123"
```

world–width
world–height

world–width

world-height

返回 NetLogo 世界的总宽度和总高度。

宽度等于 max-pxcor – min-pxcor + 1，高度等于 max-pycor – min-pycor + 1 。

另见 max-pxcor, max-pycor, min-pxcor, and min-pycor.

wrap-color

wrap-color *number*

wrap-color 检查 number 是否在 NetLogo 颜色范围 0-140(不包括 140) 内，如果不在，将数值回绕到 0-140 之内。

回绕的方法是对 number 重复加上或减去 140，直到落在 0-140 范围之内。(当将超过范围的数值赋给海龟的 color 或瓦片的 pcolor 时，自动按这样的方式回绕)

```
show wrap-color 150
=> 10
show wrap-color -10
=> 130
```

write

write *value*

输出 value 到命令中心，该值可以是数值、字符串、列表、布尔型或 nobody，后面不加回车 (与 print 和 show 不同)。

与 show 不同，前面不显示调用主体。输出的字符串包含引号，前面有空格。

```
write "hello world"
=>  "hello world"
```

另见 print, show, and type.

另见 output-write.

X

xcor

xcor

这是一个内置海龟变量，保存海龟当前的 x 坐标。设置该变量改变海龟的位置。

该变量总是大于等于 (min-pxcor − 0.5)，严格小于 (max-pxcor + 0.5) 。

另见 setxy, ycor, pxcor, pycor.

xor

***boolean*1 xor *boolean*2**

当 boolean1 或 boolean2 其中之一为 true，返回 true。二者同时为 true 不返回 true。

```
if (pxcor > 0) xor (pycor > 0)
    [ set pcolor blue ]
;; upper–left and lower–right quadrants turn blue
```

Y

ycor

ycor

这是一个内置海龟变量，保存海龟当前的 y 坐标。设置该变量改变海龟的位置。

该变量总是大于等于 (min-pycor − 0.5)，严格小于 (max-pycor + 0.5) 。

另见 setxy, xcor, pxcor, pycor.

?

?, ?1, ?2, ?3, ...

?, ?1, ?2, ?3, ...

这些是特殊的局部变量，为某些原语保存报告器或命令块的当前输入。

? 总是等价于 ?1.

不能设置这些变量，并且它们仅在某些任务中使用。

在这些原语中广泛使用的任务 :foreach，map，reduce，filter，sort-by，n-values.
可以查看这些原语条目中的例子。

详见编程指南 Tasks section .

参考文献 :

[1]NetLogo5.3 索引

[2]NetLogo5.3 中文字典

[3] 梁玉成 . 从 ABM 到计算社会科学 PPT